Les insectes
de nos jardins

Spilomyia longicornis *(Famille Syrphidae)*   Photo : Henri Goulet

Les insectes
de nos jardins

Stéphanie Boucher

97-B, Montée des Bouleaux,
Saint-Constant, Qc, Canada J5A 1A9,
Tél._(450) 638-3338 Fax_(450) 638-4338
Internet_http://www.broquet.qc.ca
Courriel_info@broquet.qc.ca

Catalogage avant publication de Bibliothèque et Archives Canada

Boucher, Stéphanie

   Les insectes de nos jardins

   Comprend des réf. bibliogr. et un index.

   ISBN 2-89000-742-1

   1. Insectes - Québec (Province) - Identification. 2. Insectes - Cycles biologiques.
3. Animaux et plantes nuisibles des jardins, Lutte contre les - Québec (Province).
I. Titre.

QL476.B68 2006   595.709714   C2006-940383-X

Pour l'aide à la réalisation de son programme éditorial, l'éditeur remercie :
Le Gouvernement du Canada par l'entremise du Programme d'Aide au Développement de
   l'Industrie de l'Édition (PADIÉ) ; La Société de Développement des Entreprises Culturelles
   (SODEC) ; L'Association pour l'Exportation du Livre Canadien (AELC).
Le Gouvernement du Québec - Programme de crédit d'impôt pour l'édition de livres -
   Gestion SODEC.

Photographies_Stéphanie Boucher (sauf mention contraire)
Page couverture, photo principale_Henri Goulet ; Papillon : *Phyciodes cocyta*; Nymphalidae
Révision_Marcel Broquet
          Denis Poulet
Directrice artistique_Brigit Levesque
Infographie_Josée Fortin
Traitement d'images_Sandra Martel

Copyright © Ottawa 2006
Broquet Inc.
Dépôt légal — Bibliothèque nationale du Québec
2e trimestre 2006

ISBN 2-89000-742-1

Imprimé au Québec

Tous droits réservés. Aucune partie du présent ouvrage ne peut être reproduite ou utilisée par quelque procédé que ce soit, y compris les méthodes graphiques, électroniques ou mécaniques, les enregistrements ou systèmes de mise en mémoire et d'information, sans l'accord préalable des propriétaires des droits.

Photo : Henri Goulet

Je dédie ce livre à mon petit Nicolas. Un jour, il pourra lire cet ouvrage que j'ai écrit pendant la première année de sa vie. Nicolas est un grand bonheur dans ma vie, et une source d'inspiration et de motivation dans mon quotidien.

Table des matières

008	Remerciements
010	Avant-propos
012	Morphologie
017	Développement et métamorphose
022	L'alimentation des insectes
025	Classification des insectes
028	Introduction aux méthodes de contrôle des insectes nuisibles
036	**Ephemeroptera**
038	**Odonata**
042	**Orthoptera**
044	Acrididae
046	Gryllidae
048	Tettigoniidae
050	**Mantodea**
052	**Dermaptera**
054	**Heteroptera**
056	Belostomatidae
057	Blissidae
058	Coreidae
060	Miridae
062	Nabidae
064	Pentatomidae
067	Phymatidae
070	Reduviidae
072	Tingidae
074	**Homoptera**
076	Aphididae
079	Cercopidae
081	Cicadellidae
082	Cicadidae
084	Coccoidea
086	Membracidae
088	**Thysanoptera**
090	**Neuroptera**
094	**Coleoptera**
096	Cantharidae
097	Carabidae
099	Cerambycidae
102	Chrysomelidae
102	Alticinae
104	Cassidinae
106	Chrysomelinae
108	Criocerinae
110	Galerucinae

112	Cicindelidae	153	Noctuidae_ Noctuelles
114	Coccinellidae	155	Noctuidae_Perceurs de l'iris
117	Curculionidae	158	Noctuidae_Vers gris
119	Elateridae	159	Nymphalidae
120	Lampyridae	162	Papilionidae
121	Nitidulidae	164	Pieridae
122	Scarabaeidae	166	Saturniidae
124	**Diptera**	168	Sesiidae
126	Agromyzidae	169	Sphingidae
128	Anthomyiidae	172	**Hymenoptera**
130	Asilidae	174	Apoidea
132	Bombyliidae	178	Formicidae
134	Culicidae	182	Ichneumonidea
136	Dolichopodidae	185	Megachilidae (Apoidea)
137	Syrphidae	188	Sphecidae et Pompilidae
140	Tachinidae	191	Tenthredinidae et autres
142	Tephritidae	195	Vespidae
143	Tipulidae	198	**Arachnides Araneae**
144	**Lepidoptera**		
146	Arctiidae	202	Bibliographie
148	Hesperiidae	204	Index des noms français et scientifiques
149	Lasiocampidae		
151	Lycaenidae	208	Index des noms anglais

7

REMERCIEMENTS

Il va sans dire que pour arriver à écrire ce livre pendant mon congé de maternité, j'ai dû compter sur l'aide de plusieurs de mes proches. J'aimerais tout d'abord remercier mon conjoint Vincent Dion, qui m'a grandement soutenue dans ce projet. Il a non seulement été très encourageant, mais il a aussi fourni une aide très précieuse en lisant, corrigeant et commentant tous mes textes. Je le remercie au plus haut point pour son implication et son enthousiasme, et pour avoir cru en ce projet.

Mes parents, Lise Sénécal et Gérard Boucher, m'ont toujours été d'un grand appui dans tout ce que j'ai entrepris. Pour ce projet, ma mère a donné beaucoup de son temps pour s'occuper de mon petit Nicolas, surtout lors du « sprint » final pour terminer ce livre. Cette aide a été inestimable. Je remercie mon père, excellent jardinier amateur, pour l'agréable avant-midi que nous avons passé ensemble à déterrer les plants d'iris afin d'en récolter les perceurs ! Ses connaissances sur le perceur de l'iris m'ont été très utiles.

Mon frère, Stéphane Boucher, a toujours eu la gentillesse de répondre à toutes mes questions d'ordre « technologique » et surtout informatique. Je le remercie d'héberger le site de ce livre et d'être toujours de bon conseil. Sa compétence et ses connaissances informatiques m'ont toujours été d'un grand secours.

J'aimerais également dire un grand merci à mes beaux-parents, Denise Vanier et Aimé Dion, pour leur disponibilité (entre autres pour garder petit Nico), leurs encouragements et leur enthousiasme pour ce livre. Ils ont aussi participé intensément à ma recherche d'insectes de jardin pour les photos.

Je suis particulièrement reconnaissante à mes deux réviseurs scientifiques : Terry Wheeler (Université McGill, Sainte-Anne-de-Bellevue) et Henri Goulet (Collection nationale canadienne d'insectes, Ottawa) qui ont donné beaucoup de leur temps à la lecture de mes textes tout en respectant toujours mes échéanciers serrés. Leurs commentaires, conseils et informations pertinentes ont été très appréciés. Je remercie particulièrement Henri de m'avoir généreusement offert plusieurs de ses très belles photos pour illustrer ce livre.

J'aimerais de plus remercier :

pour leur expertise sur différents groupes d'insectes : David McCorquodale (Université du Cap-Breton), Donna Giberson (Université de l'Île-du-Prince-Édouard), Geoff Scudder (Université de la Colombie-Britannique), Cory Sheffield (Agriculture et Agroalimentaire Canada, Nouvelle-Écosse), Jean-François Landry (Collection nationale canadienne d'insectes, Ottawa) et Emma Desplands (Université Concordia, Montréal) ;

pour la recherche de photos à Agriculture et Agroalimentaire Canada (Ottawa) : Jim Troubridge et Henri Goulet ;

pour leurs photos : Henri Goulet, Steve Marshall, Lloyd Dosdall, David Kirschke, Steve Walter, Lise Sénécal et Vincent Dion ;

pour leur coopération dans ma recherche d'insectes de jardin : la Société d'horticulture de Notre-Dame-de-l'Île-Perrot (en particulier Sylvie Trépanier, Claudette Pépin-Cormier, Michel Léveillé, Marcel-Jean Brodeur et Pascal Berthelot), la ferme biologique Le Tournesol (Saint-Lazare), Christina Voroneanu, France Dion, Denise Vanier, Johanne Dion, Marc Bergeron, Marielle Courville et Lucie Jacob ;

pour son support moral, ses conseils et son amitié : Carole Sénécal ;

pour l'idée de la roche d'exécution : Christina Idziak.

Finalement, j'aimerais remercier Antoine Broquet d'avoir accepté de publier ce livre. Je remercie les graphistes Brigit Lévesque et Josée Fortin pour leur bon travail. J'ai eu de multiples correspondances avec Josée et j'ai toujours été épatée par sa patience et sa gentillesse.

Avant-propos

Lorsque j'étais plus jeune, je passais énormément de temps dans le jardin de mes parents. Cependant, ce n'était pas nécessairement les fleurs qui m'attiraient mais plutôt la variété d'insectes qui s'y trouvait. J'ai maintenant le plaisir d'avoir mon propre petit jardin et de passer encore autant de temps à y observer la vie qui s'y trouve.

Malheureusement, beaucoup de gens sont loin d'apprécier les insectes présents dans leur jardin. Ils passent plutôt la majeure partie de leur temps à vouloir les combattre et les éliminer. Une lutte qui est sans fin et qui apporte une grande perte de temps, de jouissance et d'argent. Cet acharnement à vouloir asperger d'insecticides la plupart des insectes qui se promènent dans le jardin est souvent attribuable à un manque d'information sur ceux-ci.

Vous verrez que certains insectes, que vous pensiez être les coupables des dommages sur vos plantes, sont en fait des prédateurs qui vous débarrassent des chenilles sur vos plants de tomates ou vos fleurs. Il y a en fait moins de 1 % des insectes qui sont considérés comme nuisibles, il y a donc beaucoup plus de chances d'apercevoir des insectes utiles que nuisibles dans le jardin. Les insectes peuvent nous être utiles de bien des façons. Par exemple, en visitant les fleurs (pour le pollen ou le nectar), les insectes transportent le pollen d'une fleur à l'autre, assurant ainsi leur fécondation. D'autres insectes participent au maintien de l'équilibre de la nature en se nourrissant de certains autres insectes, de matières en décomposition, de bois mort, d'insectes morts, etc.

Ce livre a été écrit dans le but de permettre aux gens d'approfondir un peu plus leurs connaissances sur les insectes qu'ils côtoient tous les jours de l'été. En ayant plus d'informations sur leurs modes de vie, vous pourrez prendre une décision éclairée à savoir s'il vaut vraiment la peine de les éliminer. Si tel est le cas, vous trouverez dans ce livre quelques suggestions de méthodes de contrôle ayant peu d'effets négatifs sur l'environnement et sur les organismes non ciblés.

J'aimerais, bien sûr, que ce livre puisse vous convaincre que certains insectes sont d'une beauté exceptionnelle et que la majorité sont inoffensifs, pour vous et pour vos plantes. La présence des insectes au jardin est essentielle au bon fonctionnement de celui-ci et tout bon jardinier gagnera à leur accorder l'importance qu'ils méritent.

Votre participation

Étant donné la grande diversité d'insectes qui peuvent se retrouver dans votre jardin, tous ne peuvent être inclus dans ce livre. Vous y retrouverez cependant ceux qui sont les plus fréquemment rencontrés dans les jardins. Il n'est pas exclu qu'une nouvelle édition révisée de ce livre soit publiée au cours des prochaines années. Je vous invite donc à me faire part de vos commentaires et questions en visitant le site www.insectesjardins.com.

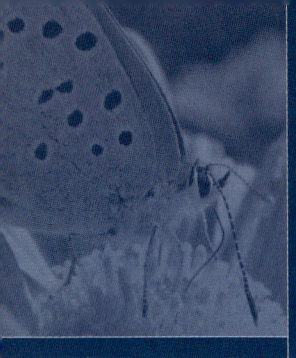
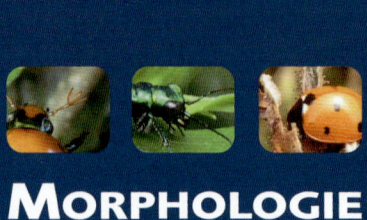

MORPHOLOGIE

Toutes les petites bestioles qui se promènent dans votre jardin ne sont pas nécessairement des insectes. Les insectes ont des caractéristiques bien à eux qui les différencient des autres arthropodes.

Au stade adulte, leur corps est toujours divisé en trois parties : la tête, le thorax et l'abdomen. Sur la tête, ils ont tous une paire d'antennes, la plupart ont des yeux et des pièces buccales pour se nourrir. Sur le thorax, les insectes au stade adulte ont tous trois paires de pattes et, chez la plupart des espèces, des ailes (une ou deux paires). Le thorax renferme surtout les muscles associés aux ailes et aux pattes. L'abdomen, pour sa part, renferme une bonne partie du système digestif, excréteur et reproducteur.

Les **antennes**

Les antennes jouent un rôle très important chez les insectes. Elles leur permettent de toucher leur environnement, de goûter, de sentir et d'entendre. C'est un peu comme si nos mains, notre nez, notre langue et nos oreilles étaient tous combinés en un organe unique. Les antennes peuvent être courtes ou très longues, et se présenter sous différentes formes.

Certains insectes ont des antennes en forme de massue, d'autres, en forme de fil (filiformes), de coude (coudées), de peigne (pectinées), de plume (plumeuses), etc. La longueur et la forme des antennes sont souvent utilisées pour l'identification des insectes.

Filiformes | En forme de massue | Lamellées

Pectinées | Plumeuses | Coudées

Les **yeux**

Il existe différents types d'yeux chez les insectes. Les principaux sont les yeux composés. Ceux-ci sont formés de plusieurs facettes (ou ommatidies). Ces facettes reproduisent une image en mosaïque du monde environnant. Certains insectes, comme les libellules, ont des yeux composés très développés et peuvent voir dans toutes les directions en même temps. En plus de leurs yeux composés, plusieurs insectes possèdent des ocelles

(ou yeux simples). Ceux-ci, habituellement situés sur le dessus de la tête, permettent de détecter les variations de luminosité. Les insectes possèdent de zéro à trois ocelles. La cigale, (photo du bas à la page 13) possède trois ocelles en plus de ses deux gros yeux composés.

Les **pièces buccales**

Les pièces buccales des insectes sont adaptées à leur régime alimentaire. Il y a deux grandes catégories de pièces buccales : le type broyeur, pour déchiqueter la matière solide (végétaux, insectes, charogne, etc.), et le type suceur (ou lécheur), pour aspirer des liquides. Sauterelles, mantes religieuses, coccinelles, charançons, guêpes et fourmis sont des exemples d'insectes aux pièces buccales de type broyeur.

Dans la deuxième catégorie, on retrouve entre autres les moustiques, pucerons, punaises, mouches domestiques et papillons. Certains de ces insectes aspirent de la matière qui est déjà sous forme liquide (nectar, sève, etc.), alors que d'autres liquéfient la matière solide, à l'aide d'enzymes, pour ensuite l'aspirer sous forme liquide. Les pièces buccales de type suceur peuvent parfois être adaptées pour percer le corps des insectes (ou notre peau!) ou les tissus des plantes. Ces pièces buccales sont plus précisément qualifiées de type piqueur-suceur.

Finalement, certains insectes comme les abeilles ont des pièces buccales de type broyeur-lécheur : elles peuvent mâcher ou modeler de la matière (pollen, cire) et également aspirer des liquides (nectar).

Type_broyeur

Type_suceur

Les **ailes**

La plupart des insectes ont deux paires d'ailes. Celles-ci sont parfois presque identiques, excepté la grandeur ou la forme. D'autres insectes ont les ailes antérieures très modifiées : les coléoptères (coccinelles, scarabées, etc.) ont les ailes antérieures plus épaisses et durcies (portant le nom d'élytres), formant une carapace sur leur corps. Ces ailes ne sont pas utilisées pour le vol mais pour protéger leur corps et leurs ailes postérieures membraneuses (qui, elles, leur permettent de voler). Les hétéroptères, eux, ont les ailes antérieures coriaces à la base et membraneuses aux extrémités. Les mouches n'ont qu'une paire d'ailes, alors que d'autres insectes, comme les fourmis ouvrières, n'en ont pas.

Les élytres (ailes antérieures) forment une carapace sur le corps des coléoptères.

La texture des ailes antérieures des hétéroptères (punaises) est un caractère important pour les différencier des autres insectes. Ces ailes, que l'on nomme hémélytres, sont coriaces à la base et membraneuses aux extrémités.

Les **pattes**

Les pattes des insectes présentent de grandes variations d'un insecte à l'autre. Certains ont des pattes adaptées pour creuser dans la terre (pattes fouisseuses), pour sauter, pour nager, pour courir, pour attraper des proies (pattes ravisseuses), etc. Par contre, tous les insectes ont les pattes divisées en cinq segments (coxa, trochanter, fémur, tibia et tarse). Le tarse, à l'extrémité, est divisé en segments appelés tarsomères (habituellement de un à cinq) et porte au bout une paire de griffes.

Mante_pattes avant ravisseuses.

Criquet_pattes arrière sauteuses.

Cicindèle_pattes coureuses.

Les carabes ont des tarses composés de cinq tarsomères.

Développement et métamorphose

Les insectes ont un squelette externe (exosquelette) qui ne peut s'allonger. Ils ne peuvent donc pas grandir graduellement. Lorsque les insectes se sentent à l'étroit dans cette peau, ils doivent muer pour s'en débarrasser et en former une nouvelle, plus grande. Ils muent plusieurs fois dans leur vie (habituellement de quatre à huit fois). Une fois le stade adulte atteint et leurs ailes bien développées, les insectes ne grandissent plus. Une petite coccinelle restera toujours petite, car elle a atteint le stade adulte. Par contre, la larve de la coccinelle, elle, grandit. Ce sont toujours aux stades immatures que se produisent les mues.

Quelques jours avant la mue, il n'est pas rare que l'insecte cesse de se nourrir. Lorsqu'il est prêt à muer, la couche externe de son exosquelette (la cuticule) se fend sur le dessus de son thorax. L'insecte, maintenant plus gros, se dégage de cette ancienne peau (qu'on appelle exuvie). Certains insectes mangent en partie ou totalement cette peau. D'autres la laissent intacte. On peut parfois trouver des exuvies abandonnées dans le jardin.

Après la mue, l'insecte a un corps fragile, de couleur pâle, et est très vulnérable à la prédation. Cela peut prendre plusieurs heures avant que la nouvelle cuticule de l'insecte durcisse et qu'elle prenne ses couleurs définitives.

L'exuvie de cet éphémère est restée prise dans son aile, ce qui l'empêchera de voler.

Exuvie d'éphémère

Éphémère venant de muer

Exuvie de perce-oreille

Types de **métamorphose**

À partir de l'éclosion de l'œuf, les insectes subissent des transformations au cours de leur vie qui les mèneront au stade adulte (ou imago). C'est ce qu'on appelle la métamorphose. Certains insectes subissent très peu de changements (comme une petite sauterelle qui devient une sauterelle adulte plus grande), alors que d'autres en subissent de plus importants (pensez à une chenille qui devient un papillon). C'est ce qui fait la différence entre une métamorphose incomplète ou complète.

Métamorphose incomplète (insectes hémimétaboles)

Exemples d'insectes subissant ce type de métamorphose : éphémères, mantes, perce-oreilles, libellules, sauterelles, cigales, cercopes, punaises.

Les différents stades de développement des insectes hémimétaboles sont : œuf, larve, adulte.

Dans le cas d'une métamorphose incomplète, la larve ressemble souvent à l'adulte, excepté sa plus petite taille et ses ailes réduites. La larve doit muer plusieurs fois au cours de sa vie. Au dernier stade larvaire, elle ressemble davantage à l'adulte, car elle est plus grande et ses ailes sont presque complètement développées. Une fois les ailes complètement développées, il n'y a plus de mue (excepté chez les éphémères qui muent une dernière fois). La larve des insectes à métamorphose incomplète est parfois appelée «nymphe». Ce terme porte à confusion, car il est aussi régulièrement utilisé pour désigner le stade intermédiaire entre le stade larvaire et le stade adulte chez les insectes à métamorphose complète.

Le criquet connaît une métamorphose incomplète. La larve (ci-contre) ressemble beaucoup à l'adulte, excepté sa plus petite taille et ses ailes réduites.

Métamorphose complète (insectes holométaboles)

Exemples d'insectes subissant ce type de métamorphose : coléoptères (coccinelles, scarabées, etc.), mouches, papillons, guêpes, abeilles. La plupart des insectes (environ 85 %) subissent ce type de métamorphose.

Les différents stades de développement sont : œuf, larve, nymphe (parfois appelée pupe ou chrysalide), adulte.

La larve des insectes à métamorphose complète est très différente de l'adulte. Elle est parfois appelée chenille (chez les papillons), asticot (chez les mouches) ou ver (ver blanc, ver gris, ver fil-de-fer, etc.).

Tout comme les insectes à métamorphose incomplète, ce sont uniquement les larves qui muent et grandissent. Une mouche adulte ou un papillon adulte ne grandit pas.

Les larves des insectes à métamorphose complète doivent se transformer en nymphes avant d'atteindre le stade adulte. Ces insectes connaissent donc un stade de plus que ceux à métamorphose incomplète.

La nymphe est un stade de transformation. Ce stade est parfois appelé pupe, surtout chez les mouches ou, dans le cas des papillons, chrysalide. Les nymphes sont souvent immobiles et ne se nourrissent pas. La nymphose (transformation de la larve en nymphe) peut avoir lieu à différents endroits : dans la terre, dans les feuilles mortes, en suspension à une branche d'arbre, dans l'eau (chez certains insectes aquatiques), etc. Certains insectes tissent un cocon pour ensuite se transformer en nymphes à l'intérieur. C'est le cas de plusieurs papillons de nuit.

Les insectes à métamorphose complète passent par un stade de développement supplémentaire appelé nymphe. On peut voir ici une nymphe de coccinelle et une coccinelle sortie de son enveloppe nymphale.

Chenille du papillon du céleri

Papillon du céleri

Larve de coccinelle

Coccinelle adulte

Les insectes à métamorphose complète passent par un stade larvaire très différent de celui de l'adulte.

L'ALIMENTATION DES INSECTES

Les insectes présents dans nos jardins ont des régimes alimentaires très diversifiés. Ces modes d'alimentation peuvent avoir des effets bénéfiques ou nuisibles dans les jardins.

Les insectes phytophages sont sans aucun doute les mieux connus des jardiniers. Ils se nourrissent de diverses parties de plantes : feuilles, fleurs, racines, fruits, graines, sève, nectar, pollen, etc. Ils peuvent se nourrir à la surface des plantes, sur les feuilles ou les fleurs par exemple, ou à l'intérieur des plantes (à l'intérieur d'une feuille, d'une tige, d'un tronc d'arbre, d'un fruit, etc.).

La présence de certains insectes phytophages est essentielle au jardin. C'est le cas des insectes se nourrissant de pollen et de nectar (ex. : abeilles, papillons). Ceux-ci sont très importants pour la pollinisation des fleurs. Par contre, la majorité des insectes phytophages sont considérés comme plutôt nuisibles aux plantes de jardin. Parmi ceux-ci, certains ont des pièces buccales de type broyeur (ex. : criquets, doryphores, chenilles) et peuvent gruger les feuilles ou autres parties de plantes. Les dommages causés par ces insectes sont habituellement très apparents. D'autres ont des pièces buccales de type suceur (ex. : pucerons, cochenilles). Ces insectes aspirent les sucs des plantes en introduisant leurs pièces buccales à l'intérieur de celles-ci (par exemple dans la tige, la feuille ou les racines). Les dommages causés par ces insectes ne sont pas immédiatement visibles. On peut toutefois remarquer de petites taches décolorées sur les feuilles ou d'autres parties de la plante. À plus long terme, ces insectes peuvent causer des difformités dans les fleurs, les fruits et les feuilles. De plus, ces insectes peuvent transmettre des maladies virales d'une plante à l'autre.

Les insectes phytophages sont ceux qui causent le plus de dommages au jardin. Certains de ces insectes ont des pièces buccales de type broyeur (images de gauche et du centre), alors que d'autres ont des pièces buccales de type suceur (image de droite).

Les insectes phytophages ne sont pas les seuls insectes présents au jardin. Il existe également plusieurs insectes prédateurs qui chassent d'autres insectes, ou d'autres, parasitoïdes, qui se développent en se nourrissant à l'intérieur de ceux-ci. Les populations d'insectes phytophages sont naturellement contrôlées par de nombreux insectes prédateurs et parasitoïdes. Les coccinelles sont bien connues du public pour leurs effets bénéfiques sur les populations de pucerons. Il existe cependant plusieurs autres insectes qui sont aussi de bons alliés dans nos jardins. Les prédateurs et les parasitoïdes peuvent se nourrir d'œufs, de larves ou d'insectes adultes. Ils peuvent nous débarrasser d'insectes nuisibles à nos plantes.

Les prédateurs et les parasitoïdes sont importants pour conserver l'équilibre des populations d'insectes de jardin. Les coccinelles (des prédateurs) se nourrissent de pucerons, elles sont bien connues en tant qu'insectes utiles.

Certains insectes se nourrissent de sang. Ce sont des insectes hématophages. Les plus connus sont les moustiques. Mentionnons également les insectes saprophages (ou détrivores), qui sont aussi très communs. Ceux-ci se nourrissent principalement de matières végétales ou animales en décomposition. Certains insectes se nourrissent d'excréments d'animaux. On dit qu'ils sont coprophages.

Finalement, certains insectes mangent un peu de tout. Ils sont omnivores. Les insectes saprophages, coprophages et omnivores sont utiles en tant que nettoyeurs de nos jardins. Ils accélèrent le processus de décomposition de la matière organique. Ils jouent un rôle important pour l'enrichissement du sol.

Les calliphorides (mouches vertes) sont les premières arrivées sur les cadavres pour y pondre leurs œufs. À l'éclosion, les centaines de larves s'y développent en se nourrissant de la chair morte. Ces mouches accélèrent grandement le processus de décomposition de la matière organique.

Parfois, les larves d'insectes ont les mêmes types de pièces buccales et le même régime alimentaire que les adultes. Par exemple, la larve et l'adulte coccinelle ont des pièces buccales de type broyeur et se nourrissent de pucerons. D'autres insectes ont des pièces buccales et un menu différents au stade larvaire. Par exemple, les chenilles de papillons ont des pièces buccales de type broyeur et la majorité se nourrissent de plantes, alors que les adultes ont des pièces buccales de type suceur et aspirent le nectar des fleurs (ou d'autres liquides, comme le jus des fruits très mûrs). Mâles et femelles de la même espèce peuvent également avoir un menu différent. Par exemple, les femelles du moustique se nourrissent de sang, alors que les mâles se nourrissent de nectar.

CLASSIFICATION DES INSECTES

Comme tous les organismes, les insectes sont classés selon un système taxinomique à plusieurs niveaux hiérarchiques. Ce système, développé par Carl von Linné, date du 18e siècle. Les êtres vivants sont classés par règne, embranchement (phylum), classe, ordre, famille, genre et, finalement, espèce.

Les insectes font partie du règne animal (tout comme les humains). Ils constituent environ les trois quarts des espèces animales décrites dans le monde. Dans le règne animal, il existe une trentaine d'embranchements (phyla). Les embranchements des chordés, des annélides, des mollusques et des arthropodes en sont des exemples. Les arthropodes incluent tous les insectes : il est de loin le plus grand embranchement de tous. Les arthropodes sont des invertébrés. Ils n'ont donc pas de colonne vertébrale. Outre la classe des insectes (papillons, guêpes, mouches, coléoptères, etc.), l'embranchement des arthropodes inclut la classe des arachnides (araignées, acariens, scorpions, etc.), celle des crustacés (crabes, écrevisses, cloportes, etc.) et celle des myriapodes (parfois divisés en deux classes : Diplopoda (mille-pattes) et Chilopoda [centipèdes]). Les arthropodes ont tous en commun un squelette externe (exosquelette) qui agit comme une sorte d'armure protectrice. Ils ont également un corps divisé en segments et des appendices articulés. En fait, le mot « arthropode » signifie « pied articulé ».

Embranchement Arthropoda

Classe _Insecta **Classe** _Crustacea **Classe** _Myriapoda **Classe** _Arachnida

Chaque classe d'organismes est divisée en ordres, familles, genres et espèces. Il y a parfois des sous-divisions dans chacun de ces groupes (sous-ordres, sous-familles, sous-genres et sous-espèces). Le groupement des insectes dans les différents ordres est principalement basé sur leur mode de développement et sur leur morphologie (nombre et type d'ailes, type de pièces buccales, etc.). Les abeilles domestiques, les guêpes et les fourmis font toutes partie de l'ordre des Hyménoptères, mais sont classées dans différentes familles. L'abeille domestique fait partie de l'embranchement des arthropodes, classe des insectes, ordre des hyménoptères, famille des apidés, genre *Apis* et espèce *mellifera*.

Selon la convention, le nom du genre commence par une lettre majuscule et est suivi du nom de l'espèce en lettres minuscules. De plus, les noms de genre et d'espèce sont écrits en italique.

La classification des insectes et des autres organismes est en changement continuel, car de nouvelles données phylogénétiques (se basant sur les principes de l'évolution des espèces) peuvent faire varier la classification et les experts peuvent être en désaccord sur le système de classement de certains insectes.

Règne_Animalia

Embranchement_Arthropoda

Classe_Insecta

Ordre_Hymenoptera

Famille_Apidae

Genre_Apis

Espèce_mellifera

Les insectes (et autres organismes) sont classés selon un système taxinomique à plusieurs niveaux hiérarchiques. Cette charte représente la classification de l'abeille domestique.

Noms **communs**

Les noms communs français des familles d'insectes sont souvent semblables aux noms scientifiques des familles, par exemple :

Cicindelidae = cicindèles ;
Bombyliidae = bombyles ;
Coccinellidae = coccinelles.

Les noms communs anglais sont souvent plus faciles à retenir, sont plus drôles et plus imagés, par exemple :

Cicindelidae = tiger beetles ;
Bombyliidae = bee flies ;
Coccinellidae = ladybugs.

Certaines espèces d'insectes ont elles aussi un nom commun. Par exemple, l'espèce *Harmonia axyridis* est communément appelée la coccinelle asiatique alors que *Apis mellifera* est l'abeille domestique. Cependant, certaines espèces ont un nom commun anglais mais aucun en français. Par exemple, l'espèce *Leptoglossus occidentalis* est communément appelée « western conifer-seed bug » en anglais mais n'a pas encore de nom commun en français.

Les noms scientifiques sont toujours beaucoup plus sûrs et universels. Les noms communs sont souvent source de confusion, car ils sont parfois interprétés différemment selon les régions ou le langage parlé. Par exemple, un criquet en français est un insecte de la famille Acrididae. Par contre, un « cricket » en anglais est un membre de la famille Gryllidae.

Les insectes ont des noms communs qui ressemblent souvent au nom de la famille. Par exemple, les mouches de la famille Bombyliidae (ci-contre) sont communément appelés bombyles. En anglais, on les nomme bee flies (ce qui se traduirait par « mouches-abeilles »). Les noms communs anglais sont souvent plus faciles à retenir.

INTRODUCTION AUX MÉTHODES DE CONTRÔLE DES INSECTES NUISIBLES

On peut souvent prévenir les dommages causés aux plantes de jardin en observant régulièrement celles-ci afin de déceler rapidement la présence de certains ravageurs. Il est souvent plus facile de contrôler les insectes nuisibles lorsqu'ils sont jeunes et lorsque les populations ne sont pas trop grandes. Une attention particulière devrait être prêtée aux plantes qui auraient subi des dommages importants l'année précédente. Vous pourriez ainsi éviter que les mêmes insectes s'y installent à nouveau pour causer d'autres dommages. Une vérification régulière de vos plantes devrait se faire tout au long de l'été.

Il y a eu un temps où l'on recommandait l'application d'insecticides comme première intervention contre les insectes nuisibles. Ce temps est heureusement loin derrière nous. Nous connaissons maintenant les effets dangereux de certains insecticides pour l'environnement, pour nous et pour les organismes non ciblés (oiseaux, poissons, insectes utiles, etc.). Si vous jugez que vous devez intervenir pour contrôler les populations de certains insectes ravageurs, plusieurs possibilités s'offrent à vous.

Nous connaissons maintenant les effets dangereux des insecticides sur les enfants, les animaux et l'environnement. Il existe plusieurs méthodes de contrôle des insectes nuisibles autres que l'application de produits chimiques. Ces méthodes respectent notre environnement fragile.

Méthodes **physiques**

Enlever les insectes à la main. Cette méthode est probablement la plus simple pour se débarrasser d'insectes ravageurs sur peu de plantes. Certains insectes, comme les coléoptères, se laissent tomber par terre lorsqu'ils sont dérangés. Vous pouvez donc secouer la plante après avoir placé un gros plat ou un linge de couleur pâle en dessous pour recueillir les insectes tombants. D'autres insectes, comme les chenilles, s'agrippent fermement à la plante mais peuvent facilement être enlevés à la main. Les insectes à tous les stades de développement (œufs, larves, nymphes et adultes) peuvent être ainsi éliminés.

Lorsque vous avez enlevé les insectes ravageurs de vos plantes, vous pouvez :

- **les noyer dans de l'eau savonneuse :** la goutte de savon ajoutée à l'eau élimine la tension de surface (cette tension permet aux insectes de flotter à la surface et donc de résister des heures ou parfois même des jours avant de mourir) ;
- **les mettre dans une solution d'alcool isopropylique** (alcool à friction) à 70%, si vous désirez conserver les insectes ;
- **les mettre dans un pot au congélateur pour quelques heures.** Après la congélation, on peut disposer des insectes ou les garder (pour commencer une petite collection par exemple !). Attention, certains insectes trouvés à l'automne ont une bonne résistance au gel, car ils s'apprêtaient à hiberner. Ces insectes produisent une sorte d'antigel dans leur corps : le glycérol ;
- **les écraser.** À la main, ou en utilisant une «roche d'exécution». Celle-ci sera toujours utilisée pour écraser les insectes et vous évitera de salir toutes sortes de surfaces (comme les dalles, le pavé uni ou l'asphalte). Vous pouvez aussi utiliser un «soulier d'exécution» ou un «gant d'exécution».

Arroser d'un jet d'eau puissant. Cette méthode fonctionne généralement bien pour déloger de petits insectes comme les pucerons, cochenilles et petites chenilles sur les plantes. Vous pouvez régler la puissance du jet de façon à ne pas détruire vos fleurs.

Éliminer feuilles ou branches infestées. Cette méthode peut être efficace si l'infestation est localisée. Par contre, on devrait minimiser la taille de branches d'arbres car certains insectes sont attirés par les coupures fraîches.

Bien travailler la terre avant d'y installer un jardin de fleurs ou de légumes ou avant d'y semer du gazon. Vous exposerez ainsi les larves d'insectes ravageurs aux intempéries et aux prédateurs. Vous pouvez également les recueillir à la main.

Pièges à insectes. Vous pouvez construire ou vous procurer des pièges à insectes qui pourraient réduire le nombre de certains insectes nuisibles dans votre jardin. Il existe plusieurs sortes de pièges : pièges lumineux, pièges à phéromones, pièges collants, pièges à appât, etc. Si vous construisez vous-même un piège, il suffit de connaître la biologie de l'insecte ciblé et d'avoir recours à votre imagination. Par exemple, on peut construire un piège avec un seau et du papier journal humide pour attirer les perce-oreilles. On peut enterrer des morceaux de pomme de terre pour attirer les vers fil-de-fer loin de nos légumes de potager. Pour capturer les limaces (qui ne sont pas des insectes!), on peut mettre de la bière dans des contenants enfouis dans le jardin. Une fois les insectes piégés, il est important de les détruire pour éviter qu'ils retournent dans le jardin.

Créer des obstacles : ceux-ci servent à empêcher les insectes de se rendre aux plantes. Vous pouvez :

- ♦ **utiliser un recouvrement** (ex. : toile agrotextile, moustiquaire) sur les plantes plus susceptibles d'être attaquées par certains ravageurs ;
- ♦ **protéger les jeunes plants** qui semblent se faire manger (par les vers gris par exemple). Utilisez un cylindre de carton, de plastique ou de métal (boîte de jus congelé ou boîte de conserve avec extrémités enlevées) disposé autour des semis et des plantules ;
- ♦ **enduire la base des plantes de substances collantes** (de type «tanglefoot» ou avec de la gelée de pétrole) si des insectes rampants (ex. : chenilles) semblent y grimper pour manger les feuilles ou pour empêcher les fourmis de protéger les pucerons par exemple ;
- ♦ **utiliser des substances abrasives** comme de la poussière de roche ou des coquilles d'œuf broyées autour des plants endommagés. Ces substances abrasives endommagent la peau des insectes rampants (ou autres organismes rampants comme les limaces) au point de les tuer. Cependant, cette méthode peut aussi tuer les insectes utiles.

Lutte **biologique**

La lutte biologique consiste à utiliser des ennemis naturels (prédateurs, parasites, parasitoïdes, agents pathogènes) pour réduire le nombre d'insectes ravageurs.

Les insectes prédateurs et parasitoïdes sont utilisés depuis longtemps dans la lutte biologique. Il est même possible d'acheter certains de ces insectes pour les relâcher en plus grand nombre. Par contre, il y a des limites à l'efficacité de certains d'entre eux, surtout lorsqu'ils sont utilisés à l'extérieur (comme dans les jardins). Par exemple, les coccinelles (prédatrices de pucerons) sont habituellement vendues au stade adulte. Il n'est alors pas garanti qu'elles iront s'installer dans votre jardin. Elle peuvent simplement décider d'aller dans le jardin du voisin! Les chrysopes, elles, qui sont aussi des prédatrices de pucerons, sont habituellement vendues sous forme d'œufs. C'est plus efficace car à l'éclosion, les larves, qui n'ont pas d'ailes, devront rester près de leur lieu d'éclosion.

Il est toutefois préférable et moins coûteux de simplement encourager la présence de ces ennemis naturels au jardin:
- **on doit tout d'abord éviter l'application d'insecticides** sur les plantes, ce qui repousserait ou tuerait les insectes utiles;
- **une grande diversité de fleurs et de plantes** au jardin peuvent attirer un grand nombre d'insectes prédateurs ou parasitoïdes. Les plantes de la famille apiacée (carotte, persil, aneth, coriandre, etc.) et de la famille astéracée (pissenlit, camomille, chrysanthème, tournesol, etc.) sont particulièrement attirantes pour ces insectes;
- **en plaçant des pierres ou du paillis dans le jardin,** on fournit des abris pour plusieurs insectes prédateurs;
- **les oiseaux** consomment eux aussi des quantités importantes d'insectes au jardin. On peut installer des bains d'oiseaux et des abris (arbres, arbustes) pour les attirer.

L'utilisation de «biopesticides» est de plus en plus populaire en lutte biologique. Cette méthode utilise des agents pathogènes pour lutter contre certains insectes dans les jardins. Ces

agents pathogènes sont en fait des micro-organismes comme des bactéries, des champignons, des nématodes ou des virus. Par exemple :

- **certains nématodes** (petits vers microscopiques) peuvent être utilisés pour lutter contre les vers blancs dans les pelouses ;
- **différentes souches de la bactérie Bt** (*Bacillus thuringiensis*) peuvent être utilisées pour lutter contre certains insectes de jardin. Par exemple, la souche Btk (*Bacillus thuringiensis kurstaki*) est utilisée pour lutter contre les chenilles de papillons (piéride du chou, sphinx de la tomate, etc.), alors que la souche Bti (*Bacillus thuringiensis israelensis*) est utilisée pour lutter contre les larves de moustiques et de mouches noires. Il y a peu ou pas de risque pour la santé humaine et pour l'environnement associé à l'utilisation du Bt.

Lutte **chimique**

Lorsque les autres méthodes de contrôle ont échoué, on peut envisager l'utilisation d'un insecticide ayant le moins d'impact possible sur l'environnement. Voici quelques-uns de ces produits :

- **savons insecticides.** Ceux-ci endommagent la couche extérieure de leur exosquelette, entraînant la déshydratation de l'insecte. Le produit doit entrer en contact avec l'insecte pour le tuer. Les savons insecticides fonctionnent particulièrement bien pour les insectes à corps mou (chenilles, thrips, pucerons, etc.). On peut se procurer ces produits (de marque Safer ou autres) dans les centres de jardinage et les quincailleries. On peut également fabriquer son propre savon insecticide en mélangeant 20-25 ml de savon à vaisselle liquide dans 4 litres d'eau. Certaines plantes ne tolèrent pas bien les savons insecticides. Vous pouvez tester le savon sur une petite surface de la plante avant de l'appliquer en plus grande quantité ;
- **insecticides botaniques à base de pyréthrine.** Ceux-ci sont fabriqués à partir d'une poudre de fleurs séchées du chrysanthème de Dalmatie (*Chrysanthemum cinerariaefolium*). Ils agissent en paralysant les insectes au contact. Ils sont légèrement toxiques pour les humains et les oiseaux, mais très toxiques pour les grenouilles, les couleuvres et les poissons. Ces insecticides devraient être appliqués en soirée car ils se dégradent très rapidement à la lumière ;

◆ **huiles de dormance.** Ces huiles sont habituellement pulvérisées sur les arbres ou arbustes au printemps avant la sortie des feuilles et des nouvelles pousses. Elles enrobent les œufs d'insectes, les privant ainsi d'oxygène. Ces huiles peuvent être utilisées, entre autres, contre les pucerons et les cochenilles. Par contre, elles tuent également les insectes utiles.

Il existe plusieurs autres méthodes pour prévenir les infestations ou lutter contre les ravageurs au jardin. Certaines de ces méthodes accordent de l'importance aux choix de plantes et à leur disposition au jardin (connues sous le nom de compagnonnage). Certaines plantes à odeur forte vont masquer l'odeur des plantes recherchées par certains insectes, alors que d'autres les repoussent tout simplement. Il existe également une variété de «recettes maison» d'insecticides à base d'agrume, d'ail, de piment fort ou d'autres substances naturelles qui peuvent éloigner certains insectes. Informez-vous des possibilités. Cependant, rappelez-vous que le but des méthodes de contrôle n'est pas d'éliminer tous les insectes. Un jardin sans insectes est un jardin sans vie. L'agrément d'avoir un jardin devrait également provenir du plaisir d'observer les organismes qui l'habitent.

Les Insectes de nos jardins

Ephemeroptera
Odonata
Orthoptera
Mantodea
Dermaptera
Heteroptera
Homoptera
Thysanoptera
Neuroptera
Coleoptera
Diptera
Lepidoptera
Hymenoptera

EPHEMEROPTERA

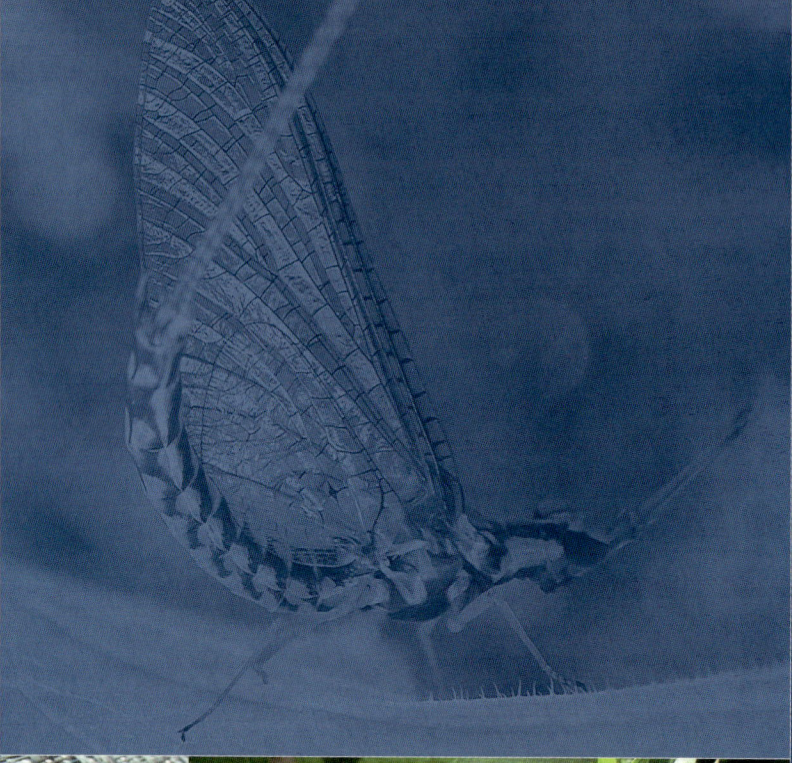

Photo : Henri Goulet

DESCRIPTION

Les éphémères ont le corps mince et allongé, mesurant habituellement moins de 3 cm de long et se terminant par deux ou trois longs filaments (cerques). Ils ont deux paires d'ailes membraneuses, très nervurées. Les ailes antérieures sont larges et triangulaires, alors que les ailes postérieures sont plus petites et plus arrondies (et parfois absentes). Au repos, les ailes sont tenues à la verticale. Les éphémères tiennent souvent leurs pattes avant en position allongée en avant de leur corps. Les mâles ont les pattes avant plus longues que les autres. Ils les utilisent pour tenir la femelle durant l'accouplement.

Ordre_EPHEMEROPTERA *

Éphémères
(Mayflies)
Métamorphose incomplète

À CERTAINES PÉRIODES DE L'ÉTÉ, LES ÉPHÉMÈRES SONT SOUDAINEMENT TRÈS ABONDANTS, SURTOUT PRÈS DES PLANS D'EAU. Ils s'agrippent aux murs des maisons, aux plantes de jardin ou à notre linge ! Mais après quelques jours, ils sont tous disparus. Voilà pourquoi on les appelle « éphémères » : leur vie au stade adulte ne dure qu'une journée ou deux. Le stade larvaire est beaucoup plus long, parfois deux ou trois ans. Les larves vivent dans l'eau et se nourrissent de débris végétaux et d'autres matières organiques. Pendant leur courte vie sur terre, les adultes ne prennent même pas le temps de manger, leurs pièces buccales sont d'ailleurs atrophiées. Les éphémères sont donc complètement inoffensifs pour les jardins. Lorsqu'ils émergent de l'eau en très grand nombre, les éphémères peuvent parfois être considérés comme une nuisance pour l'homme (pouvant affecter la circulation automobile par exemple), mais ils fournissent tout un festin pour les animaux comme les oiseaux et les chauves-souris. Les larves sont également une source de nourriture importante pour les poissons. Les pêcheurs sont familiers avec cet insecte, qui est fréquemment utilisé comme modèle pour la fabrication de mouches artificielles.

Les éphémères ont les pièces buccales atrophiées, ils ne peuvent se nourrir, ils sont donc inoffensifs pour les humains et pour le jardin !

Les éphémères ne craignent pas la présence humaine. Il n'est pas rare qu'un éphémère se pose sur nous dans l'intention d'effectuer sa dernière mue ou simplement pour prendre une pause.

* Certaines personnes emploient le nom « mannes » pour faire référence aux insectes de l'ordre des éphémères. Mais ce nom est également employé pour les membres d'un autre ordre d'insectes (Trichoptera). Donc le nom « éphémère » est plus juste.

ODONATA

DESCRIPTION

Les libellules et les demoiselles sont facilement reconnaissables à leurs grandes ailes allongées et très nervurées, thorax trapu et abdomen mince et allongé. Leur tête est très mobile et leurs grands yeux composés occupent parfois tout l'espace (surtout chez les libellules). Leurs antennes sont très courtes et leurs pièces buccales, de type broyeur.

Ordre_ODONATA

Libellules et Demoiselles
(Dragonflies and Damselflies)
Métamorphose incomplète

GRÂCE À LEURS BELLES COULEURS ET À LEUR GRANDE TAILLE, LES LIBELLULES ET LES DEMOISELLES SONT PROBABLEMENT PARMI LES INSECTES LES MIEUX CONNUS DU PUBLIC. Ces insectes ne sont pas très communs dans nos jardins, mais leur visite est toujours très appréciée, surtout à la tombée du jour lorsque les moustiques se font plus abondants. En effet, les libellules et les demoiselles sont des prédatrices d'autres insectes, incluant les moustiques. Il est donc dans notre intérêt de les accueillir à bras ouverts dans nos jardins! Comme plusieurs insectes prédateurs, les libellules et les demoiselles ont une excellente vision, leur permettant même d'attraper leurs proies en vol. Leurs gros yeux composés leur donnent un champ de vision très large (presque 350°). Malgré leur grosseur parfois impressionnante, ces insectes sont totalement inoffensifs pour nous.

Les libellules et les demoiselles sont plus abondantes dans les jardins situés près d'un plan d'eau, car les larves sont aquatiques. L'aménagement d'une petite mare dans votre cour attirera inévitablement une grande diversité de ces insectes. Tout comme les adultes, les larves sont des prédateurs d'autres insectes (incluant des larves de moustiques), d'organismes aquatiques et même de petits poissons.

Les libellules et les demoiselles ont une façon bien particulière de s'accoupler. Le mâle attrape la femelle par le prothorax (chez les demoiselles) ou par la tête (chez les libellules) et la femelle replie son abdomen pour aller chercher le sperme sur l'organe génital secondaire du mâle, localisé sur son deuxième segment abdominal. Le mâle et la femelle s'accouplent dans une position de cercle qu'on appelle en anglais « the wheel position » (la position de la roue). Après l'accouplement, la femelle doit déposer ses œufs près d'une surface d'eau ou directement dans celle-ci. Durant la ponte, le mâle reste près d'elle, continuant même parfois à la tenir par la tête ou le prothorax pour empêcher d'autres mâles d'interrompre la ponte. Le mâle peut ainsi s'assurer de la paternité des petits.

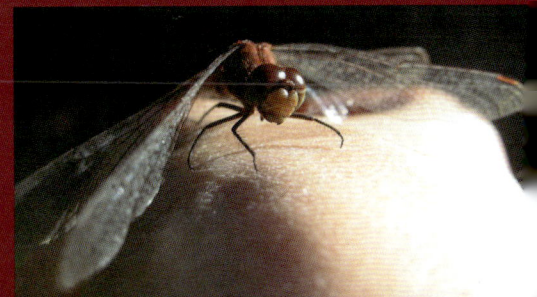

Malgré leur taille impressionnante, les libellules et les demoiselles sont inoffensives pour les humains. Cette libellule semblait particulièrement intéressée par ma caméra. Leurs gros yeux composés leur donnent une excellente vision, un atout important pour les chasseurs d'insectes qu'elles sont.

ODONATA

Les libellules (ci-dessus) et les demoiselles (à gauche) sont des prédatrices d'insectes, incluant les moustiques. Elles sont donc les bienvenues dans nos jardins.

ODONATA

Lors de la première étape menant à la copulation, le mâle libellule ou demoiselle doit attraper la femelle par le prothorax ou par la tête (à gauche, un couple de demoiselles). La femelle replie ensuite son abdomen pour aller chercher le sperme sur le deuxième segment abdominal du mâle (à droite, un couple de libellules). Cette position d'accouplement est particulière à ces insectes.

Après l'accouplement, les libellules et les demoiselles déposent leurs œufs près de l'eau ou dans l'eau, là où les larves se développeront. Pendant la ponte, les mâles surveillent les femelles pour éviter que d'autres mâles viennent interrompre la ponte. On peut voir ici deux couples de libellules dont les mâles tiennent les femelles par la tête pendant la ponte.

ORTHOPTERA

DESCRIPTION

Les orthoptères ont en commun plusieurs caractéristiques, incluant des pattes arrière adaptées pour le saut, des ailes antérieures cuirassées (tegmina), des ailes postérieures membraneuses et des pièces buccales de type broyeur. Ils sont souvent de couleur brune, verte ou noire.

Ordre_ORTHOPTERA *

Criquets, Grillons et Sauterelles
(Grasshoppers, Crickets and Katydids)
Métamorphose incomplète

LA PLUPART DES INSECTES «CHANTEURS» QUE NOUS ENTENDONS AU JARDIN APPARTIENNENT À L'ORDRE DES ORTHOPTÈRES. L'ordre des orthoptères inclut, entre autres, les criquets (Acrididae), les grillons (Gryllidae) et les sauterelles (Tettigoniidae). Ces insectes sont souvent très communs dans les jardins. La majorité se nourrissent de plantes, mais certains se nourrissent de matières organiques et/ou d'autres insectes. Les orthoptères sont rarement assez nombreux au jardin pour causer de sérieux dommages aux plantes. Mais certains (particulièrement les criquets) ont quand même mauvaise réputation, car lorsqu'ils s'attaquent à de grandes surfaces de cultures maraîchères, ils peuvent parfois causer des pertes considérables. Ces insectes ont plusieurs prédateurs importants, comme les oiseaux, qui peuvent aider à contrôler naturellement leur population. De plus, certains vers parasites se développent à l'intérieur des orthoptères, ce qui tue l'insecte tôt ou tard.

Ce sont habituellement les mâles qui chantent pour attirer les femelles. Le chant est produit par stridulation, c'est-à-dire par le frottement d'une partie du corps contre une autre. Les sons sont spécifiques à chaque espèce et sont produits à différentes périodes de la journée selon la famille ou l'espèce.

Étant donné l'importance du chant pour attirer le sexe opposé, les orthoptères doivent être en mesure de bien différencier les sons. À cette fin, ils ont un organe auditif qui ressemble au nôtre : le tympan. Ce tympan n'est cependant pas situé au niveau de la tête comme chez nous, mais sur l'abdomen (chez le criquet) ou sur les pattes frontales (chez les grillons et les sauterelles). Donc, si une sauterelle perd ses pattes frontales, elle ne pourra plus entendre.

Les noms communs utilisés pour certains orthoptères peuvent parfois porter à confusion. Ce que les francophones nomment «criquet» est une sauterelle (grasshopper) pour les anglophones. Les anglophones utilisent le nom «cricket» pour ce que nous appelons «grillon».

ORTHOPTERA

Famille_Acrididae

Criquets
Short-horned grasshoppers

DESCRIPTION

Les criquets ont les antennes plus courtes que leur corps. Les tarses ont trois segments. L'ovipositeur (présent chez les femelles) est court. Leur couleur est variable, mais ils sont souvent verts et/ou bruns.

Parmi les orthoptères, les criquets sont probablement les plus communs au jardin et ceux qui peuvent causer le plus de dommages aux plantes. On les aperçoit régulièrement car ils sont actifs de jour (contrairement aux sauterelles qui sont nocturnes). Les criquets sont herbivores et se nourrissent d'une multitude de plantes. Ils préfèrent généralement les graminées, mais plusieurs autres plantes peuvent être attaquées. Les criquets représentent souvent un problème pour les jardins situés près d'un champ abandonné ou d'un boisé. Les criquets qui y sont présents peuvent migrer vers les jardins et se nourrir des feuilles, tiges, fleurs et fruits des plantes. Ils peuvent, s'ils se retrouvent en grand nombre, dévorer une bonne partie de vos plantes. Les criquets sont inoffensifs pour les humains, ils ne mordent pas et peuvent être manipulés sans problème. Enlever à la main les criquets de votre jardin peut représenter une lourde tâche, car de nouveaux criquets peuvent constamment s'établir dans votre cour ; le travail est donc toujours à recommencer. Les insecticides ne sont pas recommandés, car les criquets doivent en ingérer une grande quantité pour être affectés (surtout ceux qui sont à l'état adulte) et ces insecticides pourraient avoir des effets sur leurs

ORTHOPTERA
Famille_Acrididae

prédateurs naturels comme les oiseaux, les carabes ou les mantes religieuses. Protéger les plants les plus affectés d'un recouvrement protecteur est probablement la meilleure solution pour les jardins où vivent de nombreux criquets.

Les criquets peuvent dévorer assez rapidement de grosses parties de feuille. Heureusement leur nombre est généralement contrôlé naturellement par de nombreux parasites et prédateurs, incluant les oiseaux, les carabes ou encore les mantes religieuses.

Quelques criquets s'en sont donnés à cœur joie sur les feuilles de mes iris, donnant un drôle d'air à mes plants sans pour autant causer leur perte !

ORTHOPTERA

Famille_Gryllidae

Grillons
Crickets

DESCRIPTION

On reconnaît les grillons à leurs longues antennes (plus longues que leur corps) et à la forme compacte et comprimée de leur corps. Ils ont les ailes antérieures posées à plat au-dessus de leur corps. Il sont généralement de couleur noire ou brune, à l'exception des oécanthes qui sont de couleur verte. Leurs tarses sont formés de trois segments. Les femelles ont un long ovipositeur pointu. Mâles et femelles ont de longs cerques au bout de l'abdomen.

Contrairement aux sauterelles et aux criquets, qui se tiennent sur les plantes et les arbres, les grillons, eux, se tiennent généralement au sol (excepté les oécanthes, qui sont arboricoles). On peut habituellement apercevoir les grillons sous les pots de plante, sous les pierres ou dans la terre, particulièrement lorsque l'on déracine les plantes. Les grillons sont omnivores. Leur menu inclut des insectes morts, des œufs de criquets, des racines de plantes, des feuilles, des fruits frais ou en décomposition, des graines, etc. Ils sont rarement un problème au jardin, quoiqu'ils soient à l'occasion blâmés pour des dommages causés sur des jeunes plants, des tomates mûres, des fraises ou d'autres fruits ou légumes de jardin. Le chant des criquets est très mélodieux. À une certaine époque, en Chine, les criquets étaient même gardés en cage dans les maisons pour la beauté de leur chant.

Le grillon automnal (*Gryllus pennsylvanicus*) est une espèce très commune dans les jardins de l'Amérique du Nord. Son corps est large et compact et peut mesurer jusqu'à 2,5 cm de long. Comme les autres grillons, celui-ci a un menu varié se composant de plantes (racines, fruits, graines, etc.), d'insectes morts, d'œufs de criquets et de chrysalides de papillons.

ORTHOPTERA
Famille_Gryllidae

Les grillons se cachent sous les roches, les pots de plante, dans la terre ou dans les plantes couvre-sol. Lorsqu'ils sont à découvert, ils cherchent à creuser dans la terre ou à se cacher sous un abri quelconque.

Les grillons du genre *Oecanthus* sont vert pâle et ont un corps mince et allongé. Contrairement aux autres grillons, qui sont habituellement sur le sol, ceux-ci se tiennent dans les arbres ou les arbustes (on les appelle d'ailleurs en anglais « tree crickets »).

Photo : Henri Goulet

ORTHOPTERA

Famille_Tettigoniidae

Sauterelles
Long-horned grasshoppers
ou Katydids

DESCRIPTION

Les sauterelles ont les antennes aussi longues ou plus longues que leur corps et de grandes ailes (chez les adultes), positionnées en toiture. Elles ont un corps allongé, quasi cylindrique. Les tarses sont composés de quatre segments. L'ovipositeur (chez les femelles) est long, compressé latéralement et recourbé vers le haut chez certaines espèces. La plupart des sauterelles sont de couleur verte.

Les gens ont tendance à nommer « sauterelles » les insectes sauteurs de leur jardin. Mais très souvent il ne s'agit pas de sauterelles, mais bien de criquets (p. 44). En fait, plusieurs personnes n'ont jamais vu de sauterelles. Pourtant, certaines espèces assez communes sont de grande taille, mesurant régulièrement plus de 5 cm de long. Ce n'est pas que ces insectes soient si rares, on les entend d'ailleurs chanter très souvent lors des chaudes soirées d'été. Cependant, les sauterelles sont rarement aperçues, car elles sont nocturnes et de couleur verte, se confondant à merveille avec les feuilles des arbres et des arbustes. Au bout de l'abdomen, les femelles ont un long ovipositeur qu'elles utilisent pour pondre leurs œufs dans le tissu des plantes ou dans le sol. Les sauterelles ont un menu assez diversifié. La majorité se nourrissent principalement de feuilles d'arbres, d'arbustes, de graines ou de fleurs, mais elles peuvent aussi manger d'autres insectes, incluant de petites chenilles. Les sauterelles ne sont pas considérées comme une nuisance au jardin. Si vous en apercevez une, prenez le temps de l'observer (elles bougent habituellement très lentement), elles sont très amusantes à regarder.

ORTHOPTERA
Famille_Tettigoniidae

Les sauterelles ont les antennes aussi longues ou plus longues que leur corps, elles sont généralement de couleur verte et ont les pattes arrière longues et fines. La majorité se nourrissent de feuilles, de graines ou de fleurs, mais elles peuvent aussi manger d'autres insectes, incluant de petites chenilles.

Les sauterelles femelles ont un long ovipositeur au bout de leur abdomen, qui peut être recourbé vers le haut chez certaines espèces. Elles l'utilisent pour pondre leurs œufs dans le tissu des plantes ou dans la terre. Leur présence est rarement un problème au jardin.

MANTODEA

DESCRIPTION

Les mantes ont les pattes frontales ravisseuses. Elles ont une petite tête triangulaire, très mobile, avec de gros yeux. Elles semblent avoir un long « cou » (le prothorax est allongé). Elles ont deux paires d'ailes, les antérieures étant plus épaisses (tegmina). Les mantes mesurent généralement entre 5 cm (mante religieuse) et 10 cm (mante chinoise). Les mâles sont généralement plus petits que les femelles.

Ordre_MANTODEA

Mantes
(Mantids)
Métamorphose incomplète

LES MANTES SONT DES INSECTES PRÉDATEURS TRÈS VORACES. Elles se nourrissent d'une variété d'insectes et d'autres petits organismes. Certaines vont même jusqu'à manger des petits reptiles, des petites grenouilles ou des oisillons, qu'elles peuvent attraper avec leurs pattes ravisseuses à l'avant. Ces pattes sont couvertes d'épines, et lorsqu'elles les referment sur une proie, il est alors presque impossible pour celle-ci de s'en sortir. Au Canada, on retrouve des mantes seulement au sud de la Colombie-Britannique, de l'Ontario et du Québec. Lorsque l'on parle d'une mante, on dit habituellement «mante religieuse». Ce nom correspond en fait à une espèce en particulier: *Mantis religiosa*. La mante religieuse est originaire d'Europe et a été introduite en Amérique du Nord en 1899. L'épithète «religieuse» fait référence à la position d'attaque qu'elle garde patiemment en attendant une proie. Cette position ressemble à une position de prière. Malgré leur forte taille, les mantes passent souvent inaperçues dans les jardins car elles se camouflent bien dans la végétation. Elles peuvent rester de longues heures immobiles en attendant qu'une proie passe près d'elles. Leurs gros yeux leur permettent de détecter le moindre mouvement. La mante commence généralement à dévorer sa proie par la nuque. La proie meurt inévitablement, mais cela peut prendre parfois de longues minutes!

Les ailes de cette mante ne sont pas complètement développées, car elle n'a pas encore atteint le stade adulte.

La mante est un insecte prédateur très vorace. On peut reconnaître la mante religieuse (*Mantis religiosa*) aux taches noires et blanches qu'elle possède sur la face interne du coxa des pattes avant.

DERMAPTERA

Photo : Henri Goulet

DESCRIPTION

Les perce-oreilles sont facilement reconnaissables à leur corps allongé et aplati, leurs ailes antérieures courtes et cuirassées, ainsi que leur paire de petites pinces (cerques) présentes à l'extrémité de leur abdomen. Ils sont brun-rougeâtre et l'espèce la plus commune mesure environ 2 cm de long. Ils ont les pièces buccales de type broyeur.

Ordre_DERMAPTERA

Perce-oreilles ou Forficules
(Earwigs)
Métamorphose incomplète

LA MAJORITÉ DES GENS DÉTESTENT LES PERCE-OREILLES. Il faut dire que leur nom n'aide pas. Le nom perce-oreille provient d'une vieille superstition qui veut que ceux-ci pénètrent dans les oreilles des gens pour y manger leur cerveau. Heureusement, cela est complètement faux! Malgré leurs pinces au bout de leur abdomen, qui peuvent être quelque peu intimidantes, les perce-oreilles sont inoffensifs pour les humains. Ils s'en servent principalement comme moyen de défense contre de petits prédateurs, pour attraper des proies ou pour tenir la femelle lors de l'accouplement.

L'espèce la plus commune est le perce-oreille européen *Forficula auricularia*, de la famille Forficulidae. Cette espèce fut introduite accidentellement en Amérique du Nord au début des années 1900. Même si à l'occasion ils peuvent se nourrir de feuilles, de fleurs, de fruits ou de légumes de jardin, les perce-oreilles peuvent aussi nous être utiles, car ils se régalent également de pucerons, d'œufs et de larves d'insectes ou de matières en décomposition. Si malgré tout les perce-oreilles semblent causer plus de dommages que de bien à votre jardin, vous pouvez réduire leur population en les attirant avec des pièges. Sachant que le perce-oreille se cache avant la tombée du jour dans des endroits sombres et humides, il suffit d'un peu d'imagination pour les piéger. Par exemple, un seau rempli de papier journal humide peut être installé le soir, là où vous soupçonnez leur présence. Les perce-oreilles sont également attirés par l'huile de poisson. Des boîtes de sardines ou de thon (vides, mais non rincées) peuvent être placées à divers endroits dans le jardin. Si vos appâts à base d'huile de poisson semblent attirer tous les chats de votre quartier, de l'huile végétale dans un fond de petite boîte de conserve peut aussi bien fonctionner! Il est important de vérifier les pièges le matin et de vous débarrasser des perce-oreilles s'ils sont encore vivants (en utilisant de l'eau savonneuse, de l'eau bouillante ou simplement en les écrasant).

Le perce-oreille européen (*Forficula auricularia*) est omnivore, se nourrissant autant de matière végétale qu'animale. Son menu végétarien consiste entre autres de chou, de céleri et de laitue, alors que son menu de carnivore inclut des pucerons, des œufs et des larves d'insectes. Il peut donc être considéré autant comme insecte nuisible qu'utile au jardin.

HETEROPTERA

DESCRIPTION

On différencie les punaises des autres insectes par leurs ailes superposées et posées à plat sur leur corps aplati. La texture de leurs ailes est aussi très importante. Les ailes antérieures (celles du dessus), que l'on nomme hémélytres, sont coriaces à la base et membraneuses aux extrémités. D'ailleurs, le nom Heteroptera provient de cette particularité : « hetero » signifiant « différent » et « ptera » signifiant « ailes » en grec. Les ailes postérieures sont complètement membraneuses. Leurs pièces buccales sont de type piqueur-suceur et sont situées à l'avant de la tête (contrairement aux homoptères qui, eux, ont le bec situé sous la tête).

Ordre_HETEROPTERA *

Punaises
(True bugs)
Métamorphose incomplète

ON ENTEND SOUVENT PARLER DE LA FAMEUSE PUNAISE DES LITS, mais l'ordre des hétéroptères comprend plusieurs autres sortes de punaises. Celles qui nous intéressent le plus ici sont les punaises terrestres comme les réduves, les punaises des plantes ou les punaises réticulées, qui se retrouvent communément au jardin. Cet ordre inclut également les punaises aquatiques comme les léthocères, qui se retrouvent aussi parfois (par erreur) au jardin ou dans votre piscine. Les hétéroptères se caractérisent, entre autres, par la présence de glandes sur le thorax des adultes ou l'abdomen des larves. Ces glandes émettent une substance odorante utilisée principalement pour se défendre des prédateurs. Les substances chimiques émises par ces glandes peuvent parfois laisser un mauvais goût sur les petits fruits comme les framboises. Les punaises sont communes au jardin. Selon leur mode de vie, elles peuvent être considérées comme utiles ou nuisibles. Certaines punaises sont des prédatrices. Elles utilisent leurs pièces buccales pour percer la peau (cuticule) des insectes ou d'autres petits organismes. Elles injectent ensuite des enzymes digestives, contenues dans leur salive, qui liquéfieront les organes internes pour être aspirés par la suite. Ces punaises ne sont pas spécifiques dans le choix de leurs proies, mais peuvent quand même aider à contrôler certains insectes ravageurs. Les punaises phytophages, elles, percent diverses parties des plantes pour y aspirer les fluides ou les tissus liquéfiés par leurs enzymes digestives. Certaines punaises préfèrent les feuilles, d'autres, les fleurs, les fruits ou les graines. Certaines familles (comme les Pentatomidae) contiennent des espèces prédatrices et des espèces phytophages. Il est alors difficile de faire la différence entre les « bonnes » et « les moins bonnes » punaises, même pour les entomologistes. Dans les cas où l'on hésite, il est préférable de laisser la nature faire son travail.

* L'ordre des hétéroptères est parfois traité comme un sous-ordre, appartenant à l'ordre des hémiptères. Dans ce cas, les hétéroptères et les homoptères (p. 74) sont traités sous le même ordre : Hemiptera. Ici, hétéroptères et homoptères sont traités comme deux ordres distincts.

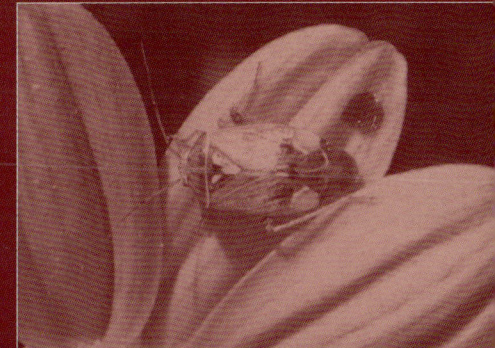

HETEROPTERA

Famille_Belostomatidae

Léthocères
Giant water bugs

DESCRIPTION

Les léthocères sont de forme ovale, avec au bout de l'abdomen un tube respiratoire rétractable. Leur corps est compressé dorso-ventralement. Leurs pattes centrales et postérieures sont aplaties et bordées de poils, ce qui leur permet de bien nager. Les pattes antérieures sont spécialisées pour saisir des proies. Certains léthocères mesurent jusqu'à 6,5 cm de long. Ils sont de couleur brune.

Rassurez-vous, cet insecte de près de 7 cm de long n'est qu'un visiteur accidentel dans les jardins. Les léthocères, parfois appelés « punaises d'eau géantes », vivent normalement dans les étangs et les lacs. Cependant, attirés par les lumières des maisons lorsque la nuit tombe, ils peuvent quitter leur habitat aquatique et voler (malgré leur grosseur!) vers ces sources lumineuses. C'est ainsi que ces punaises peuvent se retrouver dans votre piscine ou dans votre jardin. Comme la plupart des punaises aquatiques, les léthocères sont des prédateurs qui se nourrissent d'insectes ou d'autres organismes aquatiques, incluant même des petits poissons ! Leurs pièces buccales de type piqueur-suceur (rostre) pénètrent la proie pour aspirer le contenu. Le léthocère n'est pas agressif, mais pourrait insérer son puissant rostre dans votre peau si vous le manipulez. On le nomme parfois en anglais « toe biter » (ce qui pourrait se traduire par piqueur d'orteil). Ce nom a probablement été inventé par un nageur qui aurait accidentellement mis le pied sur un léthocère.

Si vous trouvez un léthocère dans le jardin, vous pouvez le remettre à l'eau en le glissant avec précaution dans un pot. L'auteur de cette photo se souvient très bien d'avoir été piqué par le rostre de cet insecte, même si cela date de 1963 (!) : il en avait ressenti une vive douleur pendant plus de quatre heures !

Photo : Henri Goulet

HETEROPTERA

Famille_Blissidae

Punaises velues
Hairy chinch bugs

Photo : Henri Goulet

DESCRIPTION

Les punaises velues sont de très petits insectes de forme ovale et mesurant environ 3 à 4 mm de long à maturité. Les adultes sont de couleur noire aux ailes partiellement blanches avec des taches noires sur les côtés extérieurs. Les ailes sont parfois courtes, laissant le bout de l'abdomen exposé. Les jeunes larves sont noires, blanches et rouges.

Certaines punaises de la famille Blissidae se nourrissent de céréales comme le blé ou le maïs, alors que d'autres préfèrent se nourrir de l'herbe du gazon. C'est le cas de la punaise velue (*Blissus leucopterus hirtus*), une espèce commune dans l'est de l'Amérique du Nord. Celle-ci attaque les gazons de courte taille, s'installant de bon gré dans les pelouses des maisons. Cette punaise suce la sève à la base des tiges de gazon, ce qui cause une décoloration et la mort éventuelle de celui-ci. À l'éclosion, la punaise velue est minuscule et de couleur rouge vif (en fait, c'est son abdomen qui est rouge). Sa couleur devient de plus en plus terne en grandissant. Étant donné que ces punaises préfèrent les endroits chauds et secs (terrains très ensoleillés), il est recommandé de garder le gazon assez long (8 cm) pour garder l'humidité au sol et éviter qu'elles s'y installent en grand nombre. Si vous utilisez des engrais, ceux-ci devraient être naturels car les engrais chimiques favorisent le développement des punaises. Les endroits infestés de punaises velues peuvent être inondés afin de les éradiquer. Si l'application d'insecticides (ex : savon insecticide) est nécessaire, il vaut mieux agir tôt au début de l'été et traiter seulement les endroits atteints. Les symptômes d'une pelouse affectée par ces punaises ressemblent beaucoup aux symptômes d'une pelouse assoiffée. Pour vous assurer que les dommages sont bel et bien causés par ces punaises, utilisez une grande boîte de conserve dont vous aurez enlevé les deux extrémités et enfoncez-là partiellement dans la terre sur du gazon sain, mais en bordure du gazon affecté (jauni). Ensuite, remplissez la boîte d'eau savonneuse. Si vous avez une infestation de punaises velues, elles flotteront à la surface après quelques minutes.

HETEROPTERA

Famille_Coreidae

Coréidés
Leaf-footed bugs

DESCRIPTION

Certains coréidés ont les tibias dilatés. De plus, certaines espèces ont les fémurs élargis et armés d'épines. Les coréidés ont un corps robuste muni d'une tête relativement petite, beaucoup plus étroite et souvent plus courte que leur pronotum (segment derrière la tête). La partie membraneuse des hémélytres (ailes du dessus) contient plusieurs nervures simples et parallèles. Les adultes sont généralement bruns ou rougeâtres et mesurent en moyenne 1,5-2 cm.

Certaines espèces de coréidés sont assez impressionnantes avec leurs fémurs élargis et leurs tibias dilatés. Parfois les tibias sont tellement dilatés qu'ils prennent la forme d'une feuille; d'où leur nom anglais de «leaf-footed bug». Les coréidés sont des insectes phytophages, mais très peu d'espèces sont considérées comme nuisibles. La punaise des courges *Anasa tristis* est un coréidé bien connu des gens qui font pousser des courges et des citrouilles dans leur potager. D'autres plantes de la même famille (cucurbitacées), comme les concombres ou les melons, sont plus rarement attaquées. Il est possible de diminuer le nombre de punaises des courges naturellement en éliminant le plus possible leurs sites d'hibernation. Les adultes passent l'hiver enfouis sous les débris (feuilles mortes, planches, roches, etc.). Il est donc important de bien nettoyer le jardin pour éliminer toutes les matières qui pourraient servir de sites d'hibernation. De plus, pour les petits potagers, il est recommandé d'enlever à la main et de détruire les masses d'œufs (sous les feuilles en début de saison), ainsi que les adultes. Une deuxième espèce assez commune de coréidé est *Leptoglossus occidentalis*. Bien que ce coréidé ne soit pas un coréidé typique

HETEROPTERA

Famille_Coreidae

de jardin, il est très souvent aperçu près des maisons. Ces punaises se nourrissent sur les graines en développement dans les cônes de sapins, d'épinettes ou de pins. Elles insèrent leur rostre dans les cônes pour aspirer le contenu des graines. Cette espèce est originaire de l'ouest de l'Amérique du Nord. On la nomme d'ailleurs en anglais « western conifer-seed bug ». Toutefois, elle est maintenant bien répandue dans l'est. Elle a également été introduite en Europe. On aperçoit cette punaise généralement à l'automne lorsqu'elle cherche activement à entrer dans les maisons pour y passer l'hiver. Elles sont inoffensives pour les humains et ne se reproduisent pas dans les maisons.

La punaise des courges (*Anasa tristis*) se nourrit sur les feuilles et les fruits des plantes de la famille des cucurbitacées, préférant particulièrement les courges et les citrouilles.

Leptoglossus occidentalis (Western conifer-seed bug), une espèce originaire de l'ouest de l'Amérique du Nord, a récemment colonisé l'est du continent. On la retrouve maintenant également en Europe. On l'aperçoit surtout à l'automne lorsqu'elle essaie d'entrer à l'intérieur des maisons pour y passer l'hiver.

HETEROPTERA

Famille_Miridae

Punaises des plantes
Leaf bugs

DESCRIPTION

Les punaises des plantes peuvent être reconnues par le bout de leurs ailes : la partie membraneuse des ailes antérieures (hémélytres) contient une ou deux cellules fermées (flèche bleue) et la partie coriace a un cuneus : petite surface triangulaire adjacente à la partie membraneuse de l'aile (flèches rouges). Ces punaises mesurent généralement moins de 1 cm de long et sont de couleur variable, mais souvent colorées de vert, brun et/ou jaune.

La famille des miridés est la plus grande de l'ordre des hétéroptères. Bien que la majorité des espèces soient phytophages, plusieurs sont aussi prédatrices ou saprophages. Parmi les phytophages, certaines peuvent causer d'importants dommages aux plantes. Ces punaises, munies de pièces buccales de type piqueur-suceur, endommagent les tissus des plantes en y introduisant des enzymes digestives. La mieux connue des punaises des plantes est la punaise terne (*Lygus lineolaris*). Celle-ci se retrouve sur une multitude de plantes (300 végétaux ont été répertoriés) partout en Amérique du Nord. Elles peuvent s'attaquer aux tiges des plantes, aux fleurs, aux fruits et aux légumes. Les plantes pouvant être affectées sont les haricots, betteraves, carottes, céleris, laitues, tomates, fraises, pommes, fleurs cultivées et bien d'autres. Au jardin, la punaise terne est rarement présente en assez grand nombre pour causer des dommages importants aux plantes. Il en va autrement pour les champs cultivés où elle peut être très abondante et entraîner de grandes pertes aux récoltes si aucun traitement n'est appliqué.

HETEROPTERA

Famille_Miridae

Il existe plusieurs espèces de punaises des plantes. Même si certaines de ces punaises peuvent être considérées comme nuisibles, elles ne sont généralement pas présentes en assez grand nombre au jardin pour causer de sérieux dommages.

La punaise terne *Lygus lineolaris* est l'une des punaises des plantes les plus communes au jardin et dans les champs cultivés. Elle est également la plus destructrice, se nourrissant d'une grande variété de plantes.

HETEROPTERA

Famille_Nabidae

Nabidés ou Punaises demoiselles
Damsel bugs

DESCRIPTION

Les punaises demoiselles ont le corps mince et allongé mesurant habituellement moins de 1 cm de long. Leurs pattes frontales sont un peu élargies, adaptées pour attraper des proies. Leur rostre est composé de quatre segments (contrairement aux réduves qui en ont trois). Les espèces les plus communes sont jaunes, brunes ou noires.

Malgré le fait que ces punaises se tiennent souvent sur les plantes de jardin, elles n'y causent aucun dommage car elles sont principalement intéressées aux autres insectes qui s'y trouvent. Les punaises demoiselles sont des prédatrices qui se nourrissent d'une variété d'insectes, incluant des pucerons et des chenilles. On peut donc considérer ces punaises comme des alliées au jardin. Comme la plupart des autres insectes prédateurs, elles utilisent leurs pattes frontales pour capturer leurs proies. Il peut arriver qu'à l'occasion les punaises demoiselles piquent la végétation avec leur rostre pour prendre un peu de liquide de la plante afin de s'hydrater. Cela ne cause pas de dommages importants à la plante mais permet à la punaise de survivre lorsque les proies se font rares. Les punaises demoiselles ressemblent quelque peu aux réduves (p. 70), mais elles sont généralement plus petites et délicates. Elles sont parfois difficiles à trouver car elles aiment se tenir près du sol. Elles préfèrent d'ailleurs la végétation basse comme les graminées ou les fraisiers.

HETEROPTERA

Famille_Nabidae

Les punaises demoiselles sont des prédatrices d'une variété d'insectes, incluant les pucerons ou petites chenilles. Comme les autres membres de l'ordre des hétéroptères, ces punaises ont des pièces buccales de type piqueur-suceur (rostre) pour aspirer le contenu de leurs proies. Leur rostre est habituellement bien visible.

Larve

Adulte

Certaines espèces de punaises demoiselles n'ont pas les ailes développées, même au stade adulte. Cette espèce du genre *Nabicula* en est un exemple, elle n'a que de courtes ailes qui ne lui permettent pas de voler.

Photo : Henri Goulet

HETEROPTERA

Famille_Pentatomidae

Pentatomidés
Stink bugs

DESCRIPTION

Les pentatomidés sont des insectes robustes au corps large. La forme de leur corps ressemble à celle d'un bouclier. Ils ont, au centre de leur corps, un large triangle (scutellum). Leur tête est petite et leurs antennes sont droites, divisées en cinq segments. La plupart de nos espèces mesurent entre 1 et 1,5 cm. Leur couleur est variable, certaines espèces sont complètement brunes ou grises, alors que d'autres sont vivement colorées de rouge, vert ou orangé.

Plusieurs hétéroptères ont des glandes odorantes pouvant émettre une odeur, habituellement désagréable, mais les pentatomidés sont parmi les plus reconnus à ce titre. On les appelle d'ailleurs à l'occasion «punaises puantes» (tiré de l'anglais «stink bug»). Cette famille inclut des espèces prédatrices et phytophages. Leur rostre pointu peut donc être inséré dans la végétation ou dans une proie. Les pentatomidés phytophages peuvent causer des dommages aux plantes en diminuant leur vigueur et en empêchant parfois le développement de leurs fruits ou de leurs graines. De plus, ces punaises peuvent transmettre des maladies aux plantes. Bien qu'il existe plusieurs espèces très nuisibles dans le monde, peu d'espèces sont dommageables dans les jardins. Il faut quand même garder l'œil ouvert pour détecter leur présence sur les arbres fruitiers (pommiers, cerisiers, etc.) et sur les légumes de jardin, là où ils causent le plus de dommages. Certaines «punaises puantes» sont plus désagréables que nuisibles pour les jardiniers. Celles-ci laissent parfois sur les fruits des sécrétions collantes provenant de

HETEROPTERA
Famille_Pentatomidae

leurs glandes odorantes et qui donnent un goût fort répugnant aux petits fruits (comme les framboises ou les mûres). Avant d'éliminer un pentatomidé, il est important de s'assurer que l'espèce est phytophage, car il existe également des pentatomidés prédateurs très utiles dans les jardins. Ces prédateurs se nourrissent régulièrement de chenilles, sauterelles ou autres insectes potentiellement nuisibles pour les plantes. Si vous avez affaire à une espèce phytophage, cela ne devrait pas tarder avant qu'elle insère son rostre dans le tissu d'une plante. Vous pouvez les enlever manuellement et les noyer dans de l'eau savonneuse, ou les mettre dans un petit pot au congélateur pour quelques jours. Une fois mortes, vous pouvez même les piquer d'une épingle et les placer dans un boîtier. Ce sont de très beaux insectes.

Les pentatomidés ont des couleurs très variables. Ils peuvent être bruns, gris, ou vivement colorés de rouge, vert ou orangé. Cependant, ils ont tous une forme qui ressemble à celle d'un pentagone. Certains pentatomidés se nourrissent de plantes en introduisant leur rostre dans les feuilles, les fleurs, les fruits ou les tiges de celles-ci.

HETEROPTERA

Famille_Pentatomidae

Ce pentatomidé (*Acrosternum hilare*) est très commun dans les jardins de l'Amérique du Nord, se nourrissant sur une grande variété de plantes. La larve (ci-dessus) est colorée de vert, jaune, noir et orangé, alors que l'adulte (ci-contre) de la même espèce est d'un vert plutôt uniforme.

Certaines espèces de pentatomidés sont des prédateurs et peuvent être de précieux alliés dans les jardins en nous débarrassant d'insectes potentiellement nuisibles. Ces pentatomidés (larves de *Picromerus bidens*) partagent un repas de larve de tenthrède (p. 191). Les punaises insèrent leur rostre dans l'insecte et le vident de tous ses liquides.

HETEROPTERA

Famille_Phymatidae*

Punaises embusquées
Ambush bugs

DESCRIPTION

Les punaises embusquées sont de petits insectes de moins de 1,5 cm de long, de couleur noire (ou brune) et jaune (ou vert pâle). Leur corps est large, robuste avec un élargissement prononcé vers le bas de l'abdomen. Leur pronotum (segment derrière la tête) est plutôt raboteux avec des projections sur les côtés. Elles ont les pattes frontales courtes et très élargies. Leurs antennes sont courtes, divisées en quatre segments, et se terminent par un renflement.

Les punaises embusquées se tiennent à l'affût sur les fleurs en attendant qu'une proie qui en vaille la peine vienne butiner devant elles. Les insectes venant visiter les fleurs pour le pollen ou le nectar n'ont aucune idée du danger qu'ils courent, car les punaises embusquées se fondent à merveille dans les couleurs jaunes ou noires des fleurs. C'est pour cette raison qu'on les aperçoit plus souvent sur des fleurs comme la verge d'or, là où elles peuvent très bien se camoufler. Ces punaises sont des prédateurs, affrontant parfois des insectes beaucoup plus gros qu'elles, comme des bourdons, des guêpes ou des papillons. Leurs pattes antérieures sont très larges et puissantes. Lorsqu'elles saisissent une proie, ces punaises enfoncent leur rostre, habituellement en commençant par la tête de la proie, et lui injectent un venin qui l'affaiblira profondément. Les punaises introduisent ensuite leur rostre à plusieurs endroits dans le corps de leur proie, à la manière d'un poignard qui déchire les tissus. Ensuite, des enzymes contenues dans leur salive macéreront chimiquement les organes de la victime qui seront ensuite aspirés sous forme liquide. La victime sera ainsi vidée de son contenu.

* La famille des Phymatidae est parfois traitée comme une sous-famille (Phymatinae) des Reduviidae (p. 70).

HETEROPTERA

Famille_Phymatidae

Les punaises embusquées se tiennent à l'affût sur les fleurs en attendant qu'une proie vienne butiner devant elles. Ces punaises ont les pattes frontales très robustes, ce qui leur permet d'attraper de gros insectes. Leur tête est aussi très caractéristique : triangulaire et quelque peu endiablée !

Les punaises embusquées sont assez communes sur la verge d'or. Elles attendent patiemment qu'un insecte visite la fleur pour l'attraper. Ces punaises étaient par contre occupées à faire autre chose que chasser !

HETEROPTERA
Famille_Phymatidae

Cette mouche ne se doutait pas que ce repas de nectar serait son dernier. La punaise embusquée, bien camouflée sur le centre jaune de cette fleur, a vite agrippé sa victime et inséré son rostre dans sa tête et ensuite dans son corps pour en aspirer le contenu.

Punaise enfonçant son rostre sous la tête de sa victime

Cette punaise embusquée semblait déterminée à tuer ce gros syrphe, qui faisait presque deux fois sa taille. La bataille a duré quelques minutes, le syrphe ne semblait pas vouloir céder. Il a finalement réussi à s'échapper, quelque peu ébranlé. Le venin et les enzymes digestives relâchés par la punaise ont sûrement causé des blessures irréparables à ce pauvre syrphe.

HETEROPTERA

Famille Reduviidae

Réduves
Assassin bugs

DESCRIPTION

Les réduves ont un corps allongé et aplati, une tête très étroite avec de gros yeux. Leur tête est allongée, donnant parfois l'impression qu'elles ont un cou. Leurs longues antennes sont divisées en quatre segments. Leur rostre (pièce buccale de type piqueur-suceur) est large et divisé en trois segments. Ils ont les pattes frontales ravisseuses (adaptées pour saisir des proies). Les adultes mesurent en moyenne entre 1,5 et 2,5 cm. Les réduves sont souvent de couleur brune ou noire, mais certaines espèces sont plus vivement colorées.

On appelle parfois les réduves « punaises assassines », du nom anglais « assassin bug ». Ces punaises poignardent leurs victimes (habituellement des insectes) avec leur puissant rostre. Elles peuvent ensuite leur injecter un venin pour les affaiblir et des enzymes digestives qui liquéfieront leurs organes internes. Par la suite, la punaise aspire le contenu liquéfié pour ne laisser qu'un cadavre vide. Dans leur menu, on retrouve entre autres des chenilles, des mouches et des limaces. Les réduves peuvent donc être des alliés dans nos jardins. Mais attention de ne pas manipuler cette punaise avec vos mains, car elle pourrait y insérer son rostre, ce qui est très douloureux. Je n'ai expérimenté que la piqûre de larve de ces punaises, et si la douleur est proportionnelle à leur grosseur, je ne voudrais pas subir la piqûre de l'adulte ! Certains réduves chassent activement, tandis que d'autres préfèrent attendre sur place qu'une proie insouciante passe devant elles. Ces punaises se retrouvent souvent à l'intérieur des maisons. Ce n'est pas nécessairement une mauvaise chose car, comme les araignées, elles peuvent vous aider à

HETEROPTERA

Famille_Reduviidae

vous débarrasser des autres insectes possiblement nuisibles des maisons (comme les dermestes par exemple). Certaines espèces se nourrissent de sang de mammifères, incluant celui des humains. Elles peuvent aussi transmettre la maladie de Chagas. Mais n'ayez crainte, ces espèces ne se retrouvent pas dans les régions tempérées.

Les larves et les adultes des réduves (ou punaises assassines) sont des prédateurs d'insectes comme les chenilles, les mouches ou les pucerons. Elles peuvent donc nous aider à diminuer les populations d'insectes nuisibles dans nos jardins. L'espèce de droite (*Reduvius personatus*) se retrouve souvent dans les maisons.

Bien qu'elles soient petites, les larves des réduves ont un rostre puissant. Certaines se confondent très bien avec leur environnement. Un atout important pour des prédateurs.

HETEROPTERA

Famille_Tingidae

Punaises réticulées
Lace bugs

DESCRIPTION

Ces punaises ont les ailes, parfois aussi le pronotum et la tête, réticulées (très nervurées). Elles ont le corps très aplati et mesurent habituellement moins de 5 mm. Elles sont généralement de couleur beige et brune.

Les punaises réticulées sont de petits insectes qui se reconnaissent entre autres à la texture de leurs ailes qui ressemble à de la dentelle (d'où le nom anglais « lace bugs »). Les larves n'ont pas les ailes développées, mais leur corps est souvent ornementé d'épines. Ces punaises se nourrissent de la sève des plantes. Elles se retrouvent habituellement en groupe en dessous des feuilles d'arbres, d'arbustes ou de plantes herbacées. Leur nom commun correspond souvent au nom de la plante (souvent un arbre) sur laquelle elles se nourrissent. On retrouve par exemple la punaise réticulée du chêne, du platane, de l'aulne, du peuplier, du bouleau, etc. Les femelles des punaises réticulées pondent leurs œufs sous les feuilles le long des nervures. Le prélèvement de la sève par les larves et les adultes cause une décoloration des feuilles sur la face supérieure. Les feuilles deviennent tachetées de jaune ou de blanc et peuvent éventuellement devenir complètement brunes et tomber. Les taches sur les feuilles et aussi la présence d'excréments peuvent vous signaler la présence de ces punaises. Plusieurs espèces

HETEROPTERA
Famille_Tingidae

hivernent au stade adulte en se protégeant du froid sous l'écorce des arbres ou sous les feuilles mortes. Lorsque l'infestation a lieu sur quelques plantes herbacées de petite taille, il est plus facile de se débarrasser des punaises manuellement en frottant les feuilles d'un linge mouillé ou en aspergeant d'un jet d'eau puissant les feuilles infestées. Si d'autres moyens de contrôle semblent nécessaires, les feuilles peuvent être aspergées de savon insecticide commercial ou d'eau savonneuse (voir p. 32). Les arbres matures sont habituellement assez résistants aux punaises réticulées.

Les punaises réticulées doivent leur nom à leurs ailes, qui sont très nervurées. La texture de leurs ailes ressemble quelque peu à de la dentelle, d'où leur nom anglais « lace bugs ».

Les punaises réticulées vivent souvent en groupe en dessous des feuilles. Elles se nourrissent de sève, causant des taches jaunes ou blanches sur les feuilles. On peut voir ci-dessous les dommages causés par les punaises réticulées sur une feuille de tournesol.

HOMOPTERA

DESCRIPTION

Les ailes antérieures (celles du dessus) des homoptères sont toujours de texture uniforme (contrairement à celles des hétéroptères), parfois membraneuses ou coriaces. Leurs ailes postérieures sont membraneuses. Lorsqu'ils sont au repos, les homoptères tiennent leurs ailes en forme de pignon de maison au-dessus de leur corps. Tout comme les hétéroptères (p. 54), les homoptères ont les pièces buccales de type piqueur-suceur. Celles-ci sont situées sous la tête (les hétéroptères ont le bec situé à l'avant de la tête).

Ordre_HOMOPTERA*

Cicadelles, Cigales, Cercopes, Cochenilles, Membracides, Pucerons, etc.
(Leafhoppers, Cicadas, Froghoppers, Scales, Mealybugs, Treehoppers, Aphids, etc.)
Métamorphose incomplète

CET ORDRE D'INSECTES EST PROBABLEMENT LE PLUS REDOUTÉ DES JARDINIERS. Tous les membres de cet ordre se nourrissent de la sève des plantes et certains peuvent même transmettre des maladies d'une plante à l'autre. Plusieurs homoptères peuvent rester immobiles sur une plante, suçant la sève de celle-ci pendant plusieurs heures. De plus, les homoptères ont souvent des anges gardiens : les fourmis. Les fourmis protègent certains homoptères (par exemple les pucerons) des prédateurs en échange du miellat (liquide sucré) qu'ils peuvent excréter par leur anus. Ce miellat constitue une autre source de problèmes pour les jardiniers, car une accumulation de miellat sur les feuilles des plantes favorise le développement d'un champignon noir appelé fumagine. L'ordre des homoptères est très diversifié et leur apparence est très variable. On peut toutefois différencier la plupart des homoptères des autres insectes par la texture et la position de leurs ailes. Mais il y a toujours des exceptions qui rendent l'identification plus difficile. Par exemple, la cochenille femelle n'a pas d'ailes, alors que le mâle cochenille n'a que deux ailes et ressemble davantage à une mouche. Le puceron a lui aussi une apparence variable. Il a un cycle de vie plutôt compliqué avec des générations ailées et d'autres sans ailes. D'autres homoptères comme les membracides ont des formes très particulières qui leur permettent parfois de bien se camoufler sur les branches des arbres.

* Les ordres des homoptères et des hétéroptères (p. 54) sont parfois traités comme des sous-ordres de l'ordre hémiptères. Ici, homoptères et hétéroptères sont traités comme deux ordres distincts.

HOMOPTERA

Famille Aphididae

Pucerons
Aphids

DESCRIPTION

Les pucerons sont de petits insectes de moins de 2 à 3 mm de long, au corps mou, souvent en forme de poire. Ils ont de longues antennes fines, et au bout de l'abdomen, une paire de petites projections, appelées cornicules (qui sécrètent des phéromones avertissant les autres pucerons d'un danger). Leur couleur est très variable. Certains sont verts, d'autres jaunes, bleus, rouges ou noirs. Les pucerons ailés possèdent quatre ailes transparentes, posées en toit sur l'abdomen au repos, mais souvent les pucerons n'ont pas d'ailes.

La plupart des jardiniers ont déjà eu à se battre contre une infestation de pucerons sur leurs fleurs, leurs fruits ou leurs légumes de jardin. On retrouve ces minuscules insectes agglutinés en grappes sur les plantes (en particulier sur les jeunes pousses), causant l'affaiblissement de la plante, la déformation, l'enroulement ou la chute des feuilles. De plus, les pucerons peuvent transmettre des maladies virales aux plantes par leur piqûre (avec leur rostre). C'est l'attroupement de pucerons qui est un problème, car un puceron seul sur une plante ne causerait pas de dommages importants à la plante. Par contre, ces petits insectes peuvent se reproduire à une vitesse phénoménale et envahir les tiges ou les feuilles d'une très grande variété de plantes (annuelles et vivaces, arbres, arbustes et conifères) sans que l'on ne se soit aperçu de rien. Les pucerons se nourrissent de la sève en introduisant leur rostre dans le tissu des plantes. Ils peuvent s'attaquer aux tiges, aux feuilles (souvent en dessous) ou aux racines. Le surplus de sève est rejeté par leur anus sous forme de dépôt collant appelé miellat. De plus, ce dépôt peut entraîner la formation

HOMOPTERA
Famille_Aphididae

d'un champignon noir appelé fumagine. Les fourmis raffolent du miellat (la reine fourmi du film *Une vie de bestiole*, Disney/Pixar, 1998 se promène d'ailleurs toujours avec «son» puceron, se nourrissant du miellat sécrété par son … anus). Les fourmis vont même aller jusqu'à protéger les pucerons des petits prédateurs pour s'assurer un approvisionnement continu en miellat. Heureusement, les pucerons ont plusieurs ennemis naturels, par exemple les coccinelles, les chrysopes, les syrphes, les perce-oreilles et les braconides qui réussissent, malgré la présence des fourmis, à les manger ou à les parasiter. Il est donc important d'encourager leur présence dans les jardins (voir p. 31). Cependant, la présence de ces ennemis n'est pas toujours suffisante pour contrôler les infestations de pucerons. Dans ce cas, vous pouvez diminuer leur nombre en coupant et en détruisant les branches très infestées. Vous pouvez également diminuer le nombre de pucerons en arrosant les plants d'un jet d'eau puissant ou en frottant d'un linge mouillé les branches infestées (lorsqu'il y a peu de plants à traiter). En dernier recours, les savons insecticides et les huiles de dormance (voir p. 32, 33) peuvent être efficaces si les autres méthodes ont échoué. Par mesure de prévention contre l'infestation de pucerons, il est recommandé de ne pas trop fertiliser les plantes et d'éviter les fertilisants chimiques à action rapide, spécialement ceux qui sont riches en azote et qui favorisent la croissance rapide des pousses, attirant ainsi les pucerons. Une observation régulière des plantes de jardin permet une intervention rapide et pourrait prévenir les problèmes de pucerons.

Les pucerons sont de petits insectes vivant en colonie et suçant la sève sur les tiges et les feuilles (et parfois les racines) de diverses plantes. Leur couleur est variable. Photo de gauche : les pucerons sont de couleur rougeâtre. Photo de droite : les pucerons sont de couleur verte.

HOMOPTERA
Famille_Aphididae

Le miellat produit par les pucerons est très convoité par les fourmis, leur présence est parfois signe d'infestation de pucerons.

Puceron ailé

Le cycle de vie des pucerons est plutôt compliqué : il y a plusieurs générations par été, lesquelles sont formées de pucerons sans aile (aptères) ou ailés, ces derniers étant capables de migrer. Les pucerons ailés sont produits lorsque les individus d'une colonie deviennent trop nombreux (ils peuvent alors migrer sur différentes plantes hôtes) et lorsqu'il est temps de revenir à la plante hôte initiale (là où il y aura accouplement et ponte des œufs), vers la fin de l'été.

Heureusement, les pucerons ont de nombreux prédateurs. Ici, on aperçoit une coccinelle dévorant des pucerons comme si elle pigeait dans un plat de bonbons. Les coccinelles adultes et leurs larves sont d'excellents prédateurs de pucerons.

HOMOPTERA

Famille Cercopidae

Cercopes
Froghoppers or Spittlebugs

DESCRIPTION

Les cercopes sont de petits insectes sauteurs, mesurant habituellement moins de 1 cm. Ils sont habituellement de couleur brune, parfois verte, et leur corps d'apparence assez robuste est de forme plus ou moins ovale. Leurs courtes antennes sont fixées devant ou entre leurs yeux. Leurs tibias arrière ont une ou deux épines sur les côtés et une couronne de petites épines à l'extrémité.

La plupart des gens sont habitués à la présence d'un simili-crachat sur les tiges des plantes de jardin ou dans l'herbe. On l'appelle parfois le « crachat de crapaud », mais en fait cette mousse blanche est sécrétée par l'anus de la larve d'un petit insecte appelé cercope. Sous chaque crachat se cachent un ou plusieurs cercopes à l'état larvaire, positionnés la tête vers le bas. Ces larves se nourrissent de la sève des plantes et sécrètent l'excédent par leur anus en infiltrant de l'air pour former les bulles. Cette mousse les protège de la sécheresse, des prédateurs et des parasites. Mais cela peut parfois jouer contre eux, car certains insectes parasites ont appris à reconnaître cette masse blanche pour repérer les larves et y pondre leurs œufs dessus. Les adultes se nourrissent eux aussi de la sève des plantes mais ne sécrètent pas de mousse blanche. Grâce à leur couleur et à leur petite taille, les adultes passent souvent inaperçus, et lorsqu'ils nous voient, ils vont généralement se cacher sous la tige ou les feuilles de la plante. Ils sont de plus difficiles à attraper car ils se déplacent en sautant. Lorsqu'ils sont prêts à sauter, les cercopes se mettent en position « assise » ressemblant à la posture des grenouilles, d'où leur nom anglais de « froghopper ». Le prélèvement de sève par les cercopes peut causer des

HOMOPTERA
Famille_Cercopidae

dommages aux plantes, surtout lorsqu'un grand nombre de ces insectes se retrouvent sur la même plante. La croissance et la vigueur de la plante peuvent être affectées, les feuilles, les graines et les fruits peuvent aussi parfois subir des déformations. De plus, les trous causés par les pièces buccales des cercopes offrent des sites propices à l'entrée de bactéries, champignons ou autres pathogènes. Faites comme les insectes parasites des cercopes et apprenez à repérer ces masses blanches. Il suffit ensuite d'écraser les larves pour s'en débarrasser.

Cette mousse blanche qui ressemble à un crachat est sécrétée par la larve du cercope, un petit insecte sauteur de la famille Cercopidae. Sous chaque crachat se cachent un ou plusieurs petits cercopes positionnés la tête vers le bas. Cette mousse les protège de la sécheresse et des prédateurs.

Les adultes se nourrissent eux aussi de la sève des plantes mais ne sécrètent pas de mousse blanche.

HOMOPTERA

Famille Cicadellidae

Cicadelles
Leafhoppers

DESCRIPTION

Les cicadelles sont, comme les cercopes, de petits insectes sauteurs, mesurant habituellement moins de 1 cm. Leur couleur est variable. Elles sont souvent brunes, jaunes ou vertes, parfois rayées de rouge. Leurs courtes antennes sont fixées devant ou entre leurs yeux (comme chez les cercopes). Leurs tibias arrière sont longs et armés de une ou deux rangées d'épines.

Les cicadelles sont probablement les plus communs de tous les petits insectes sauteurs (cercopes, membracides, fulgores) du même ordre. Elles ressemblent beaucoup aux cercopes (p. 79), et comme eux elles se nourrissent de la sève des plantes, mais ne sécrètent pas de mousse blanche à l'état larvaire. Tout comme les cercopes, les cicadelles sont des insectes très actifs qui sont difficiles à observer (ou à photographier!). Elles semblent avoir une très bonne vision car aussitôt que l'on s'approche, elles se glissent sous les feuilles ou derrière la plante, à l'abri des regards. Les cicadelles peuvent causer la décoloration des feuilles, parfois sous forme de taches blanches. Elles peuvent aussi affecter la croissance des plantes et leur transmettre des virus, des bactéries ou d'autres pathogènes. Plusieurs maladies de plantes comme la jaunisse de l'aster et la maladie de Pierce du raisin sont transmises par les cicadelles. Cependant, ces insectes sont rarement présents en assez grand nombre pour devenir une nuisance dans les jardins.

Les cicadelles du genre *Graphocephala* sont probablement les plus photographiées de toutes les cicadelles. Elles sont vivement colorées de rouge, vert et jaune. Les cicadelles prélèvent la sève des plantes, ce qui peut détruire la chlorophylle des feuilles, bloquer les vaisseaux nourriciers de la plante ou favoriser l'entrée de pathogènes causant des maladies aux plantes.

Rangée d'épines sur tibia arrière : un caractère important pour reconnaître les cicadelles.

HOMOPTERA

Famille Cicadidae

Cigales
Cicadas

DESCRIPTION

Les cigales sont de gros insectes mesurant en moyenne entre 2,5 cm et 4 cm. Leur tête est large, avec des yeux proéminents. Le devant de leur tête est aplati. Elles ont un long rostre et de courtes et fines antennes situées devant ou entre leurs yeux. Leurs deux paires d'ailes sont membraneuses, les antérieures étant plus longues que les postérieures. Les cigales sont habituellement de couleur verte, brune ou noire, souvent avec des motifs sur leur corps.

Cet insecte nous est familier de nom, probablement à cause de la fable de Jean de La Fontaine, *La cigale et la fourmi*. On entend souvent la cigale chanter (un fort son métallique comparable à un bruit de perceuse électrique), mais peu de gens savent à quoi elle ressemble. Malgré sa grosseur impressionnante, la cigale est rarement observée car elle vit habituellement dans la cime des arbres. On aperçoit surtout celles qui sont accidentellement tombées dans une piscine ou qui sont blessées (par un oiseau qui aurait essayé de les manger par exemple). Contrairement à ce que la fable nous raconte, la cigale ne serait pas du tout intéressée aux miettes de nourriture ramassées par les fourmis! Les cigales ont, comme les autres membres de l'ordre, des pièces buccales de type piqueur-suceur et se nourrissent de la sève des arbres et arbustes. Les femelles pondent leurs œufs en coupant une ouverture dans la tige d'un arbre ou d'un arbuste avec leur ovipositeur. La ponte des œufs cause plus de dommages que le prélèvement de la sève, pouvant même entraîner la mort de l'extrémité de la tige. Après l'éclosion des œufs, les larves se laissent tomber au sol pour creuser et s'enfoncer dans la terre, là où elles pourront sucer la sève des racines d'arbres ou arbustes pour quelques années (pendant 17 ans pour certaines

HOMOPTERA
Famille_Cicadidae

espèces!). Les adultes ne vivent que quelques jours, le temps de se reproduire. Malgré leur grosseur impressionnante, les cigales sont inoffensives pour nous. De plus, elles ne sont pas considérées comme nuisibles au jardin car elles sont rarement très nombreuses. Je crois qu'au contraire leur chant égaye nos journées chaudes de l'été.

Les cigales sont parmi les plus gros insectes de l'Amérique du Nord. Elles mesurent généralement entre 2,5 et 4 cm de long. Les adultes causent plus de dommages aux plantes par la ponte des œufs que par le prélèvement de la sève.

Les larves des cigales ont les pattes avant courtes, trapues et armées d'épines, bien adaptées pour creuser dans la terre. Les larves sucent la sève des racines de végétaux pendant plusieurs années. Lorsqu'elles sont prêtes pour la dernière mue, elles sortent de la terre, s'accrochent à un arbre ou à une plante et brisent leur exosquelette pour en sortir et devenir un adulte ailé, prêt à s'accoupler.

HOMOPTERA

Superfamille_Coccoidea

Cochenilles★
Scale insects

DESCRIPTION

Les cochenilles ont, selon les espèces, l'apparence d'une petite coquille d'huître, d'un dôme hémisphérique durci, d'un disque aplati ou d'un amas de sécrétions floconneuses. Elles sont souvent de couleur brune, beige, rouge ou blanche. Elles n'ont pas d'ailes et sont souvent sans pattes. Elles mesurent habituellement moins de 0,5 mm.

Les cochenilles sont des insectes ravageurs redoutables de plusieurs plantes et arbres de jardin. Il existe plusieurs familles de cochenilles (Diaspididae, Coccidae, Pseudococcidae, etc.) et plusieurs espèces, comme la cochenille du hêtre, la lécanie de la vigne, la lécanie de Fletcher, la cochenille floconneuse de l'érable, etc. Les cochenilles sont recouvertes d'une carapace (fusionnée ou non à leur corps) ou de sécrétions cireuses blanchâtres, et passent la majorité de leur vie (parfois immobiles) à sucer la sève des plantes. Les femelles vivent sous cette carapace protectrice tout au long de leur vie et y pondent leurs œufs avant de mourir, ce qui les protégera jusqu'à leur éclosion. Les mâles, eux, se débarrassent de cette carapace lors de leur dernière mue pour se métamorphoser en un petit insecte ailé (avec une seule paire d'ailes), sans pièce buccale, ressemblant à une minuscule mouche (d'environ 2 mm). Les mâles ne vivent qu'une journée ou deux et sont rarement aperçus. Une grande infestation de cochenilles peut affaiblir la plante. De plus, plusieurs espèces sécrètent du miellat, ce qui rend la plante particulièrement

---

★ Les cochenilles (à carapace) sont souvent appelées kermès en français. Cependant, ce nom porte à confusion. Il serait préférable de l'utiliser uniquement pour les cochenilles de la famille Kermesidae et du genre *Kermes*.

HOMOPTERA
Superfamille_Coccoidea

collante et vulnérable au champignon noir appelé fumagine. Lorsque l'infestation est locale, on peut parfois réduire le problème en coupant les branches les plus infestées (en désinfectant l'outil de taille après chaque coupe pour éviter la propagation des œufs). Vous pouvez également frotter ou gratter les cochenilles avec un linge ou une brosse mouillée à l'eau savonneuse pour les déloger. Lors d'une grande infestation, vous pouvez pulvériser de l'huile de dormance, tôt au printemps, ou du savon insecticide à la pyréthrine (voir p. 32,33). Les insecticides devraient être appliqués surtout lorsque les larves n'ont pas encore de carapace durcie pour se protéger. Par mesure de prévention, il est recommandé d'inspecter régulièrement les arbres, les arbustes et les plantes à risque. Il est plus facile de combattre les cochenilles lorsqu'elles ne sont présentes que sur une petite surface.

Les cochenilles ne ressemblent pas à des insectes. Elles prennent souvent l'apparence d'une cicatrice sur une plante. Sans ailes, et souvent sans pattes, elles passent la majeure partie de leur vie immobiles, à sucer la sève des plantes et des arbres.

Les cochenilles peuvent être assez nombreuses pour former une croûte sur les branches ou sous les feuilles. Les larves n'ont pas de carapace durcie comme les adultes. Elles sont souvent de couleur plus pâle.

Les cochenilles floconneuses (aussi appelées cochenilles farineuses ou laineuses) sécrètent de la matière cireuse blanche. Elles ressemblent à de petites boules d'ouate. Sous cette masse blanche se cachent de petits insectes suceurs de sève.

HOMOPTERA

Famille_Membracidae

Membracides
Treehoppers

Photo : Henri Goulet

DESCRIPTION

Les membracides sont de petits insectes sauteurs qu'on peut reconnaître à leur large pronotum (segment derrière la tête) qui couvre leur tête et se prolonge vers l'arrière sur leur corps, cachant parfois leurs ailes. Ce pronotum prend parfois des formes très bizarres avec des projections superflues. Les membracides sont souvent verts ou bruns et mesurent habituellement moins de 1 cm.

Grâce à une modification, parfois extrême, de leur pronotum (segment derrière la tête), les membracides peuvent avoir une allure quelque peu étonnante. Leur pronotum forme un bouclier au-dessus de leur tête et se prolonge par-dessus leur abdomen. Cela leur donne parfois une apparence de bossu ou de bison, mais lorsque la projection est très prononcée, les membracides peuvent même ressembler à des épines de rosier. C'est pourquoi on les appelle parfois en anglais «thorn bugs» (insectes épine). Les membracides se nourrissent de la sève des plantes, mais ce sont surtout les entailles effectuées dans les tiges des plantes lors de la ponte qui causent le plus de dommages. Cela entraîne souvent la mort de l'extrémité de la tige. Comme plusieurs autres homoptères, les membracides éliminent le surplus de sève sous forme de miellat. Il n'est donc pas rare de voir des fourmis s'occuper des membracides (en les protégeant des prédateurs par exemple) en échange de leur miellat. Les membracides sont rarement présents en assez grand nombre pour causer des dommages importants aux plantes de jardin.

HOMOPTERA

Famille_Membracidae

On reconnaît les membracides à leur forme bien particulière causée par le développement excessif de leur pronotum qui s'élève au-dessus de leur tête et se prolonge par-dessus leur abdomen. Cela peut leur donner l'apparence d'une épine de rose, d'un bossu ou même d'un bison.

Photo : Lise Sénécal

Ci-dessous, la cérèse buffle (*Stictocephala bisonia*), une très belle espèce de membracide, qui passe souvent inaperçue dans les jardins.

THYSANOPTERA

DESCRIPTION

Les thysanoptères (ou thrips) sont de très petits insectes (souvent moins de 2 mm), au corps mince et allongé. Leurs deux paires d'ailes sont étroites, allongées et bordées de longues franges, donnant une allure de plumes. Certains thysanoptères n'ont pas d'ailes. Leurs pièces buccales sont de type suceur.

Ordre_THYSANOPTERA

Thrips
(Thrips)
Métamorphose complète *

CE QUI EST VRAIMENT CURIEUX AVEC LES THRIPS, C'EST QU'AU SINGULIER OU AU PLURIEL, ON ÉCRIT «THRIPS». De plus, ils sont les seuls insectes à n'avoir qu'une seule mandibule; intéressant, non? Plusieurs jardiniers ont sûrement déjà eu des thrips sur leurs fleurs ou leurs légumes de jardin, mais ils sont si petits qu'ils passent souvent inaperçus. Il existe plusieurs espèces de thrips, comme le thrips des petits fruits, de la vigne, des fleurs, de l'oignon, etc. Les thrips causent des dommages aux plantes en insérant leurs pièces buccales dans les feuilles, les fleurs, les fruits ou les tiges pour en aspirer les sucs et peuvent aussi leur transmettre des maladies. Il existe heureusement quelques espèces de thrips bénéfiques qui se nourrissent de petits insectes, incluant d'autres thrips. Il est important de dépister les thrips avant qu'ils deviennent trop abondants. Des marques grises ou argentées sur les feuilles, des déformations de fleurs ou une décoloration des fruits sont souvent des signes de leur présence. Les parties de plantes très infestées peuvent être détruites pour éviter leur propagation. Un jet d'eau puissant peut aussi les déloger. Les thrips volent très mal, se déplaçant souvent à l'aide du vent. Donc, une fois délogés, ils pourraient avoir de la difficulté à retrouver leur plante hôte.

Les thrips sont pour la majorité des insectes phytophages se nourrissant sur une grande variété de plantes ornementales ou cultivées, et parfois sur les plantes d'intérieur. Ils sont minuscules, mesurant généralement moins de 2 mm, mais ils peuvent causer des dommages aux plantes (sur les feuilles, fleurs, tiges et fruits) et leur transmettre des maladies.

Photo : Henri Goulet

* Métamorphose plutôt «intermédiaire». Aux premiers stades larvaires, ils ressemblent aux adultes, mais sans ailes (comme les insectes à métamorphose incomplète); ils deviennent par la suite inactifs et forment parfois un cocon (comme les insectes à métamorphose complète) avant de se métamorphoser au stade adulte.

NEUROPTERA

Photo : Henri Goulet

DESCRIPTION

On reconnaît les neuroptères à leurs ailes membraneuses (ou parfois nébuleuses) très nervurées, incluant plusieurs veines transversales près de la bordure supérieure de l'aile. Les deux paires d'ailes sont de grandeurs et formes comparables, et sont habituellement positionnées en forme de toit de maison au-dessus de leur corps lorsqu'ils sont au repos. Ils ont de longues antennes et des pièces buccales de type broyeur. Ils sont souvent bruns (ou brun-rouge), noirs ou verts, et mesurent habituellement plus de 1 cm. Ils peuvent parfois atteindre une longueur de 7 cm.

Ordre_NEUROPTERA

Corydales, Chrysopes, Mantispides, etc.
Dobsonflies, Lacewings, Mantidflies, etc.
Métamorphose complète

LES MEMBRES DE L'ORDRE DES NEUROPTÈRES NE SONT PAS DES INSECTES TRÈS COMMUNS. Il est toutefois important de les reconnaître car la présence de certains d'entre eux s'avère très bénéfique pour les jardins. C'est le cas des chrysopes (famille des Chrysopidae), qui sont probablement les neuroptères les plus communs au jardin. Les larves sont des prédateurs de petits insectes à corps mou comme les chenilles ou les pucerons. On les appelle parfois en anglais «aphid-lions» (ce qui se traduirait par «lions à pucerons»). Tout comme les coccinelles, les chrysopes sont grandement utilisées comme agent de lutte biologique contre les pucerons. On retrouve les chrysopes sur diverses plantes, mais on les voit rarement car elles sont principalement nocturnes. Les chrysopes adultes se nourrissent de pollen, de nectar ou de miellat, et certaines espèces (celles du genre *Chrysopa*) ajoutent de petits insectes à leur menu.

Parmi les autres neuroptères, on retrouve les mantispides (famille des Mantispidae), qui ressemblent à de petites mantes religieuses. Tout comme les mantes, les mantispides sont des prédateurs. Les larves se nourrissent principalement d'œufs d'araignées. Les adultes sont des prédateurs d'une grande variété d'insectes. Les mantispides sont assez rares dans les jardins mais pourraient à l'occasion se retrouver sur vos fleurs.

D'autres neuroptères, comme la corydale ou le chauliode (famille des Corydalidae), sont aquatiques au stade larvaire. Bien que les adultes vivent normalement près des cours d'eau, ils sont attirés vers les lumières et peuvent, à la tombée de la nuit, se retrouver près des maisons éclairées. La corydale cornue (*Corydalus cornutus*) est un insecte qui peut atteindre une taille de 7 cm de long. Les adultes ne vivent que quelques jours durant le mois de juin. Ils ne se nourrissent pas (ou très peu), tandis que les larves vivent dans le fond des rivières où elles se nourrissent d'autres insectes ou d'autres organismes aquatiques. Bien que la corydale cornue ne soit pas un insecte typique de jardin, sa présence occasionnelle ne laisse personne indifférent.

NEUROPTERA

Photo : Henri Goulet

Les chrysopes sont des insectes vert pâle aux yeux de couleur or ou cuivrée. Elles sont non seulement très belles et gracieuses, mais comptent parmi les insectes les plus bénéfiques au jardin.

Longues mandibules

Photo : Henri Goulet

Les larves de chrysopes sont d'importantes prédatrices de pucerons. On les différencie des larves de coccinelles surtout par leurs mandibules beaucoup plus développées.

NEUROPTERA

Les mantispides sont de drôles d'insectes ressemblant à un croisement entre une mante religieuse et une guêpe. Ce sont des prédateurs. Les larves dévorent les œufs d'araignées, alors que les adultes s'en prennent à une grande variété d'insectes.

L'insecte ci-contre, à l'allure un peu extravagante, est la corydale cornue (*Corydalus cornutus*) : un insecte pouvant atteindre une taille de 7 cm de long et qui semble sortir directement d'un film de science-fiction. Les énormes mandibules du mâle ne servent pas à trouer les fleurs des jardins, mais plutôt à tenir la femelle durant l'accouplement.

COLEOPTERA

DESCRIPTION

Les coléoptères ont les ailes du dessus (élytres) durcies, se rencontrant en une ligne droite au milieu de leur corps et recouvrant habituellement leur abdomen. Les ailes du dessous (postérieures) sont membraneuses et repliées sous les élytres. Les coléoptères (larves et adultes) ont des pièces buccales de type broyeur. La plupart des larves de coléoptères sont pourvues de trois paires de pattes courtes, à part quelques exceptions, comme les larves de charançons ou celles de certains longicornes qui sont apodes.

Ordre_COLEOPTERA

Coléoptères
(Beetles)
Métamorphose complète

ENVIRON LE TIERS DU MILLION D'ESPÈCES D'INSECTES DÉCRITES APPARTIENT À CET ORDRE. La coccinelle est la mieux connue des coléoptères. Il suffit de penser aux caractéristiques de la coccinelle pour pouvoir reconnaître les autres insectes du même ordre, la principale étant les ailes antérieures durcies formant une carapace au-dessus de leur corps. Ces ailes ne sont pas utilisées pour le vol, elles servent uniquement de bouclier. Les ailes en dessous de cette carapace sont membraneuses et permettent aux coléoptères de voler. Certains coléoptères n'ont pas d'ailes membraneuses et ne peuvent donc pas voler. Étant donné la grande diversité des coléoptères, leur couleur et leur grosseur varient considérablement. Certaines espèces mesurent moins de 1 mm tandis que certaines espèces tropicales peuvent mesurer jusqu'à 13 cm. Leur mode de vie est aussi très diversifié. Certains coléoptères sont aquatiques mais la plupart sont terrestres. Les larves et les adultes se nourrissent toujours en broyant leur nourriture (contrairement aux punaises, par exemple, qui aspirent des liquides). Certaines espèces sont prédatrices, elles ont de puissantes mâchoires leur permettant de mordre leurs proies. D'autres sont phytophages et se nourrissent de diverses parties de plantes, comme les feuilles, les fruits, les graines, les racines ou le bois des arbres. D'autres espèces se nourrissent d'excréments ou de matières en décomposition. Pour les jardiniers, cet ordre d'insectes inclut les meilleurs alliés pour les jardins (comme la coccinelle et le carabe), mais aussi les pires ennemis, comme la criocère du lis, le doryphore et les scarabées (pour ses larves communément appelées « vers blancs »).

Sous les élytres des coléoptères se trouvent les ailes membraneuses, utilisées pour le vol. Ce scarabée s'est fait prendre dans un filet. Il lui manque un élytre (celui de gauche).

COLEOPTERA

Famille_Cantharidae

Cantharides
Soldier beetles

DESCRIPTION

Les cantharides sont des coléoptères au corps mince, plat et allongé. Ils mesurent en moyenne entre 1 et 1,5 cm de long. Ils sont souvent de couleur jaune (ou orange) et noire. Leurs élytres (ailes du dessus) sont plutôt souples comparativement aux élytres de certains autres coléoptères. Ils sont parfois placés de façon à laisser les derniers segments abdominaux bien visibles.

Les cantharides sont fréquemment observées sur les fleurs et les arbustes de jardin. Bien qu'on les voie souvent se nourrir dans les fleurs, elles ne causent aucun dommage car elles ne prennent que le pollen et le nectar de celles-ci. La présence de ces insectes est même utile dans les jardins, car certaines espèces sont des prédateurs de pucerons, de chenilles ou d'autres insectes à corps mou. Il arrive parfois que la femelle dévore un petit insecte pendant l'accouplement. Cet insecte lui est apporté par le mâle en tant que « cadeau » juste avant l'accouplement. Ce comportement est assez courant chez les insectes prédateurs. Cela procure un surplus de protéines à la femelle, qui en aura besoin pour le développement de ses œufs.

Chauliognathus pennsylvanicus est une espèce commune de cantharide. On la voit souvent sur des fleurs jaunes se nourrissant de pollen ou de nectar, ce qui n'est aucunement nuisible pour la plante. Cette espèce est même très utile dans les jardins, car les larves vivant dans la terre se nourrissent d'insectes dommageables pour les racines des plantes.

Cette cantharide (genre *Rhagonycha*) est une prédatrice. Elle attend probablement le passage d'une éventuelle proie.

COLEOPTERA

Famille Carabidae

Carabes
Ground beetles

DESCRIPTION

Les carabes ont le corps allongé et modérément aplati, avec de longues pattes, adaptées pour la course. Leurs élytres (ailes du dessus) sont souvent striés de lignes longitudinales ou ponctués. Ils sont généralement bruns, verts ou noirs, parfois de couleur rouge ou bleu métallique. Leur tête est plus étroite que leur thorax, et leurs antennes en forme de fil sont divisées en onze segments de grandeur uniforme. Leur taille est très variable, mais la majorité mesurent entre 1 et 2,5 cm.

Plusieurs jardiniers confondent les carabes avec ce que l'on appelle couramment des «barbeaux» ou scarabées (p. 122), qui eux sont particulièrement nuisibles dans les jardins. Il est important de bien les distinguer, car mis à part quelques espèces phytophages, la majorité des carabes sont des alliés importants au jardin. Ils nous rendent service en se nourrissant de petits organismes au corps mou comme les chenilles, les vers gris, les pucerons et les limaces. Malgré le fait que les carabes soient très communs au jardin, on les voit rarement car ils sont principalement nocturnes. Le jour, ils trouvent refuge sous les débris végétaux ou sous les pierres, les pots de plantes, les planches de bois, ou sous d'autres abris improvisés. Leur corps est plus aplati que celui des scarabées, ce qui facilite leur glissement sous ces matériaux. Les carabes restent généralement près de la surface du sol, où ils chassent activement les insectes. Quelques espèces grimpent sur les plantes pour y manger les chenilles. Les larves des carabes sont aussi des prédatrices. Elles courent rapidement et vivent soit dans le sol soit à sa surface. Maintenant que vous connaissez les carabes, il est donc inutile de les écraser lorsque vous soulevez un pot de plante. Essayez plutôt de créer un environnement favorable (en mettant du paillis, des morceaux de bois ou des pierres dans le jardin par exemple) pour ces insectes afin de les attirer dans votre jardin.

COLEOPTERA
Famille_Carabidae

Photo : Henri Goulet

Les carabes sont des prédateurs d'insectes avec de puissantes mandibules.

Les carabes sont les alliés des jardiniers. On peut les différencier des scarabées par leurs longues antennes en forme de fil, divisées en plusieurs segments.

Photo : Henri Goulet

Les larves de carabes se reconnaissent particulièrement à leurs grosses mandibules, leur corps allongé, aplati et visiblement segmenté. Comme les adultes, elles sont des prédatrices d'autres insectes.

COLEOPTERA

Famille_Cerambycidae

Longicornes
Long-horned beetles

DESCRIPTION

Les longicornes ont les antennes minces et longues, parfois beaucoup plus longues que leur corps (surtout chez les mâles). Leurs yeux sont échancrés, en forme de croissant ou même séparés en deux parties par les bases de leurs antennes. Les longicornes ont de puissantes mandibules pour broyer leurs aliments. Certains sont vivement colorés, alors que d'autres sont plutôt ternes. Plusieurs ont des motifs sur leur corps : ces derniers peuvent être tachetés, picotés, bariolés ou rayés. Leur corps cylindrique mesure généralement entre 5 mm et 3 cm.

Les membres de la famille des Cerambycidae sont communément appelés « longicornes » ou « capricornes » en raison de leurs longues antennes. Cette caractéristique, combinée avec leur taille parfois imposante, en fait des insectes à l'allure très impressionnante, surtout lorsqu'on les aperçoit en vol. On peut parfois apercevoir les adultes se nourrir de fleurs ou de pollen dans le jardin. Certains vont aussi manger les feuilles, les petites tiges des plantes ou l'écorce de certains arbres. Les larves des longicornes se développent dans les troncs d'arbres, particulièrement d'arbres malades, morts ou récemment abattus, ce qui accélère la décomposition du bois mort dans les forêts. Certaines larves se développent dans les tiges ou les racines de diverses plantes, et quelques espèces, comme le longicorne asiatique, s'attaquent aux arbres en santé, pouvant même causer leur mort. Dans les jardins, très peu d'espèces de longicornes sont considérées comme nuisibles. En Amérique du Nord, la plus connue des jardiniers est probablement l'anneleur du framboisier (*Oberea affinis*), un longicorne de 1,5 cm de long, principalement noir avec le

COLEOPTERA

Famille_Cerambycidae

pronotum orange. La larve se développe dans les jeunes tiges de framboisiers, mûriers et rosiers. La femelle dépose un œuf entre deux anneaux qu'elle aura grugés sur la tige à quelques millimètres de distance l'un de l'autre. Il est recommandé de couper la tige à environ 5 cm au-dessous de l'anneau inférieur. La larve devrait être présente dans la tige coupée, sinon il faudra couper plus bas pour l'éliminer.

Les longicornes ont parfois les antennes presque aussi longues ou plus longues que leur corps.

Les longicornes ont de grosses mandibules pour broyer leurs aliments. Les adultes se nourrissent de fleurs, de pollen, de feuilles, de tiges ou d'écorces d'arbres. Les larves ont elles aussi de puissantes mandibules qui leur permettent de creuser de profondes galeries, souvent dans les arbres malades ou morts.

COLEOPTERA

Famille_Cerambycidae

L'anneleur du framboisier est un longicorne qui peut, à l'occasion, causer des dommages dans les jeunes tiges de framboisiers, mûriers et rosiers. La femelle de cet insecte gruge deux anneaux sur une tige et dépose un œuf entre ceux-ci. Ces anneaux sont souvent accompagnés d'un flétrissement de l'extrémité de la branche.

COLEOPTERA

Famille_Chrysomelidae

Sous-famille_Alticinae
Altises
Flea beetles

Photo : Henri Goulet

DESCRIPTION

Les altises sont de petits insectes de forme ovale, mesurant généralement moins de 3 mm (parfois jusqu'à 6 mm). Elles sont souvent de couleur noire ou bleu métallique, parfois avec des rayures jaunes sur les élytres. Les fémurs des pattes arrière sont très développés, adaptés pour le saut. Les bases de leurs antennes sont très rapprochées.

Les altises sont de petits insectes sauteurs de la famille des Chrysomelidae. On aperçoit beaucoup plus facilement les dommages causés par les altises que celles-ci, car aussitôt dérangées, elles se laissent tomber au sol. Il existe plusieurs espèces d'altises, comme l'altise des crucifères (*Phyllotreta cruciferae*), de la pomme de terre (*Epitrix cucumeris*), de la vigne (*Altica chalybea*), etc. Malgré leur taille réduite, les altises peuvent causer des dommages notables en perçant plusieurs petits trous dans leurs plantes hôtes. Les conséquences sont plus importantes lorsqu'elles s'attaquent aux jeunes plants. On n'aperçoit habituellement que les adultes. Les larves, elles, se nourrissent généralement sur les racines des plantes. Cependant, certaines se nourrissent de feuilles ou se développent à l'intérieur des tiges. Pour contrôler les populations d'altises dans les jardins, on peut les noyer en aspergeant d'eau les plants affectés, surtout par temps chaud et sec lorsqu'elles sont très actives. On peut aussi secouer les plants pour faire tomber les adultes dans un contenant rempli d'eau savonneuse. Des pièges collants, jaunes de préférence,

COLEOPTERA
Famille_Chrysomelidae

placés autour des plants, peuvent capturer plusieurs altises. Il a également été démontré que certains couvre-sols (menthe, thym, trèfle blanc) plantés au pied des plantes à risque masquaient l'odeur de celles-ci et pouvaient retarder l'apparition d'altises ou diminuer leur nombre. Créer un peu d'ombre sur les plants (surtout les jeunes plants) peut décourager les altises, qui aiment se nourrir sous un grand soleil. Souvent les dommages causés par les altises sont d'ordre purement esthétique et ne mettent pas la survie des plantes en danger, surtout lorsque celles-ci sont déjà rendues à maturité.

Les altises sont de petits insectes sauteurs, de couleur sombre et souvent luisante. Elles mesurent habituellement moins de 3 mm de long. Une seule altise ne constitue habituellement pas un problème, c'est lorsqu'elles se retrouvent en grand nombre (parfois jusqu'à 1200 par m²) qu'elles deviennent nuisibles pour les plantes.

Ces milliers de petits trous sur les feuilles de navet ont été causés par les altises. On aperçoit facilement les dommages, mais on voit rarement les coupables, car au moindre dérangement ces insectes sautent et se laissent tomber pour disparaître de notre vue.

COLEOPTERA

Famille_Chrysomelidae

Sous-famille_Cassidinae
Cassides
Tortoise beetles

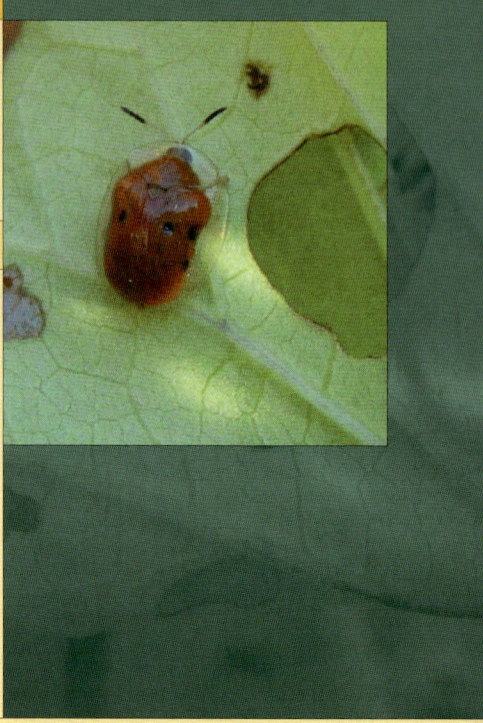

DESCRIPTION

Les cassides ont le corps ovale ou presque circulaire. Elles se reconnaissent aux extensions latérales et transparentes de leur carapace et à leur pronotum qui recouvre complètement leur tête. Elles mesurent en général entre 0,5 et 10 mm, et leur couleur est variable, souvent rouge ou dorée.

Les cassides sont de beaux insectes ressemblant un peu aux coccinelles. Certaines espèces ressemblent davantage à des pépites d'or à cause de leurs beaux reflets de couleur or ou argentée. On retrouve ces insectes surtout sur des ipomées, comme la gloire du matin (*Ipomaea tricolor*) et la patate douce (*Ipomaea batatas*), ou parfois sur d'autres plantes de la famille des convolvulacées. La larve et l'adulte mâchent des trous dans les feuilles. Les larves ont la particularité d'attacher leur vieilles peaux (exuvies) et leurs excréments au bout de leur abdomen (sur une petite structure fourchée) pour former un genre de parasol au-dessus de leur corps qui les camoufle. Si un prédateur (comme une fourmi) s'approche de la larve, cette dernière se défend en utilisant ce «parasol» comme un bouclier qu'elle peut faire bouger comme bon lui semble à la face du prédateur. Celui-ci, un peu surpris, ira trouver ailleurs une proie plus aimable à manger! Pour éviter les dommages causés par ces insectes, repérez les larves et les adultes pour les détruire. Les adultes sont parfois difficiles à attraper, mais les larves, moins mobiles, se cachent habituellement sous les feuilles et peuvent être capturées plus facilement.

COLEOPTERA

Famille_Chrysomelidae

Les cassides font des trous dans les feuilles d'ipomées, comme la gloire du matin ou la patate douce.

Malgré les dommages que font les cassides sur les plantes, on ne peut s'empêcher de les trouver très attirantes. La casside dorée change de couleur comme cela lui plaît. Lorsqu'on la dérange, elle perd sa brillance et devient rouge terne. Pour profiter des beaux reflets argentés ou dorés de ces insectes, il faut les garder en vie. À vous de décider si les dommages causés aux plantes valent la perte de ces petits bijoux.

Les larves des cassides sont larges et aplaties. Elles ont la curieuse habitude de traîner sur elles leurs vieilles peaux (exuvies) mélangées à leurs excréments. Ce drôle de comportement empêche généralement les prédateurs de les manger.

Photo : Henri Goulet

COLEOPTERA

Famille_Chrysomelidae

Sous-famille : Chrysomelinae
Doryphores, Chrysomèles de l'asclépiade, etc.
Potato leaf beetles,
Milkweed leaf beetles, etc.

DESCRIPTION

Les membres de cette sous-famille sont très robustes avec un corps de forme ovale et convexe. Leur prothorax (segment derrière la tête) couvre partiellement leur tête. Ces chrysomèles sont habituellement très colorées.

Photo : Henri Goulet

Le doryphore de la pomme de terre (*Leptinotarsa decemlineata*), parfois appelé « bibitte à patates », est l'espèce la plus connue de cette sous-famille. Cette espèce, bien répandue en Amérique du Nord et en Europe, est surtout bien connue des producteurs de pommes de terre. Les larves et les adultes du doryphore peuvent dévorer les feuilles des plants de patates à une vitesse phénoménale. Ils peuvent parfois s'attaquer à d'autres plantes de la même famille (solanacées), comme la tomate ou l'aubergine. Étant donné que le doryphore hiberne dans la terre, sous l'emplacement des pommes de terre (ou autres solanacées), la rotation des cultures peut leur jouer un mauvais tour. Au printemps suivant, lorsque les doryphores sortent de la terre à la recherche de leur plante hôte, celle-ci aura été remplacée par une plante qu'ils n'aiment pas, comme le brocoli. Une autre solution est simplement de se débarrasser manuellement des doryphores dans les jardins. Les populations d'adultes peuvent être détruites dès la fin du printemps, avant la ponte qui se fait dans les mois de juin et juillet. Chaque femelle peut pondre entre 300 et 500 œufs. Cela vaut donc la peine d'éliminer le plus d'adultes possible avant cette période. Ensuite, on peut éliminer les œufs de couleur jaune orange (que certaines femelles auront réussi à pondre) accrochés sous les feuilles. Les autres

COLEOPTERA
Famille_Chrysomelidae

chrysomèles de la même sous-famille, par exemple la chrysomèle de l'asclépiade et les calligraphes, causent des dommages moins importants au jardin. Les calligraphes (photo p. 106) s'attaquent particulièrement aux feuilles d'arbres. Il existe plusieurs espèces en Amérique du Nord, incluant le calligraphe du cornouiller, de l'orme et de l'aulne, qui sont tous aussi beaux les uns que les autres.

Le doryphore de la pomme de terre, larve (à gauche) ou adulte (à droite), mâche de grandes quantités de feuilles de plants de pommes de terre, et, à l'occasion, d'autres plantes de la même famille (comme l'aubergine ou la tomate). Ce coléoptère d'un peu moins de 1 cm de long est le plus important ravageur de la pomme de terre dans le monde.

Pour éviter les ravages des chrysomèles, il est important d'éliminer les œufs, les larves et les adultes lorsqu'on les aperçoit. Profitez des saisons des amours pour en éliminer deux à la fois ! Ces chrysomèles de l'asclépiade (œufs, larve, et adultes) ont été photographiées chez un jardinier qui m'a bien avertie : « Si tu veux des photos, il faut faire vite, car sinon elles connaîtront le même sort que les autres : une bonne taloche, chute brutale sur l'asphalte, un bon coup de bottine... et les oiseaux se chargent de les achever ! » Il n'en faut souvent pas plus pour éliminer les chrysomèles de nos plantes. Par contre, dans le cas de la chrysomèle de l'asclépiade, les oiseaux ne pourront manger « les restants », car l'insecte est toxique (comme les autres insectes se nourrissant d'asclépiades).

COLEOPTERA

Famille_Chrysomelidae

Sous-famille : Criocerinae
Criocères du lis,
Criocères de l'asperge, etc.
Lily leaf beetles, Asparagus beetles

DESCRIPTION

Ces chrysomèles sont de couleurs vives et brillantes. Leur corps est de forme ovale avec le pronotum (segment derrière la tête) étroit ressemblant un peu à un cou. Leurs élytres (ailes du dessus) sont ponctués de petits trous disposés en rangées. Elles mesurent environ 6 à 8 mm de long.

Il y a trois espèces de Criocerinae bien connues des jardiniers : le criocère de l'asperge (*Crioceris asparagi*), le criocère à douze points (*Crioceris duodecimpunctata*) et, bien sûr, le fameux criocère du lis (*Lilioceris lilii*). Ces petites bestioles d'un rouge écarlate dévorent les lis (et parfois les fritillaires) en un rien de temps ! Les larves sont jaunes avec une tête noire. Cependant, ce que l'on aperçoit est uniquement une boule visqueuse noire car les larves se recouvrent de leurs excréments pour mieux se camoufler (et peut-être pour éviter de se faire écraser entre les doigts des jardiniers !). Cela les protège aussi des prédateurs et de la sécheresse. Ces ravageurs de lis sont apparus en Amérique du Nord pour la première fois au début des années 40, à Montréal. Ils ont été introduits d'Europe, probablement dans un envoi de bulbes de lis. Pour éviter les dommages causés par ces insectes, il est important de garder les lis (et les fritillaires) sous haute surveillance dès qu'ils commencent à pousser. Le dessous des feuilles doit être examiné régulièrement car c'est là que les adultes déposent leurs œufs de couleur orangée. Les larves se cachent elles aussi très souvent sous les feuilles. Malgré leur allure répulsive, elles doivent également être détruites car elles sont les plus voraces. Si vous ne voulez pas utiliser vos doigts pour détruire les criocères du lis (larves et adultes), vous pouvez recourir à votre roche ou votre gant d'exécution (voir p. 29) ! Comme la plupart des coléoptères, les adultes se laissent tomber lorsqu'ils se sentent menacés. Lorsqu'ils tombent au sol, les criocères du lis se retrouvent souvent sur le dos, il est alors difficile de les voir car leur « ventre » noir se confond bien avec la

COLEOPTERA
Famille_Chrysomelidae

couleur de la terre. Pour ne pas les perdre de vue, placez un drap de couleur pâle sous la plante avant de la secouer. Une autre option serait de secouer les feuilles en tenant un grand bol en dessous (vous pouvez y mettre de l'eau savonneuse pour les noyer en même temps). Si malgré tout vous ne semblez pas venir à bout des criocères, vous pouvez asperger les plants d'insecticides à base de pyréthrine (voir p. 32).

Malgré sa beauté, le criocère du lis doit être éliminé avant qu'il détruise tous vos lis. Les criocères se nourrissent de feuilles, de bourgeons floraux et de fleurs de lis.

Un peu moins élégantes que les adultes, les larves du criocère du lis se recouvrent d'excréments pour se protéger des prédateurs et éviter le dessèchement. À droite, une larve débarrassée de ses excréments pour la photo !

Le criocère de l'asperge (à gauche) et le criocère à douze points (à droite) se nourrissent uniquement sur les plants d'asperge : principalement sur le feuillage et les pointes d'asperge.

Photos : Henri Goulet

COLEOPTERA

Famille_Chrysomelidae

Sous-famille : Galerucinae
Chrysomèles du concombre,
Chrysomèles de la viorne, etc.
Cucumber beetles,
Viburnum leaf beetles, etc.

DESCRIPTION

Les chrysomèles de cette sous-famille sont de petite taille, mesurant moins de 1 cm de long. Leur corps est ovale, allongé et leur tête bien visible du dessus. Les bases de leurs antennes sont très rapprochées et leur pronotum (segment derrière la tête) est plus large que celui des membres de la sous-famille des Criocerinae (criocère du lis et autres).

Photo : Henri Goulet

Plusieurs espèces de cette sous-famille sont d'importantes défoliatrices de plantes. Lorsqu'elles sont nombreuses, elles peuvent dévorer les feuilles en ne laissant que les nervures principales de celles-ci, leur donnant un aspect très « squelettique ». On les appelle d'ailleurs en anglais « skeletonizing leaf beetles ». La chrysomèle de la viorne, aussi appelée squeletteur de la viorne (*Pyrrhalta viburnum*), en est un bon exemple. Originaire d'Europe et d'Asie, elle a été aperçue pour la première fois en Amérique du Nord en 1947. Les larves sont jaunâtres, ponctuées de noir, et dévorent les feuilles de viorne (plante du genre *Viburnum*) dès le mois de juin. La transformation en nymphe a lieu dans le sol. Les adultes apparaissent vers la mi-juillet et continuent à s'alimenter sur la plante. D'autres espèces, comme les chrysomèles (rayées et maculées) du concombre, ne se nourrissent pas uniquement de feuilles, mais également de tiges, fleurs, fruits et racines de plantes. Elles sont nuisibles principalement pour les cucurbitacées (concombres, courges, citrouilles, melons). On les retrouve parfois sur d'autres plantes comme le haricot, le maïs et les pois. Si l'application d'insecticides s'avère nécessaire, il est important de choisir des produits n'affectant pas les pollinisateurs (surtout au temps de la floraison), qui sont très importants dans la production des cucurbitacées. Une autre espèce, la chrysomèle des racines du maïs (*Diabrotica barberi*), se développe sur le maïs, mais les

COLEOPTERA
Famille_Chrysomelidae

adultes se retrouvent également sur les fleurs de plusieurs autres plantes, préférant celles des cucurbitacées. Il existe plusieurs autres espèces défoliatrices qui appartiennent à cette sous-famille, comme la galéruque de l'orme (*Xanthogaleruca luteola*) ou la galéruque de l'airelle (*Pyrrhalta vaccinii*).

Ces chrysomèles de la viorne (*Pyrrhalta viburnum*) mangent ce qu'il reste du feuillage après que les larves aient dévoré la majeure partie en début d'été.

La chrysomèle rayée du concombre (ci-dessus), ainsi que la chrysomèle maculée du concombre (photo p. 110), s'attaquent principalement aux plants de concombres, courges, citrouilles et melons.

Les adultes de la chrysomèle de la racine du maïs causent des trous dans les fleurs et peuvent à l'occasion s'attaquer aux fruits (ex. : courges et citrouilles). Les larves de cet insecte se nourrissent des racines de plants de maïs. Sur la photo de droite, une chrysomèle maculée du concombre (au centre), entourée de plusieurs chrysomèles de la racine du maïs, se nourrissent à l'intérieur d'une fleur de courge.

COLEOPTERA

Famille_Cicindelidae*

Cicindèles
Tiger beetles

DESCRIPTION

Les cicindèles peuvent facilement être reconnues par leur tête qui est aussi large ou plus large que leur pronotum, leurs gros yeux proéminents et leurs grosses mandibules très visibles. Leurs pattes sont longues et minces. Elles sont souvent brillamment colorées. Elles mesurent en moyenne entre 1 et 2 cm de long.

Les cicindèles, comme vous l'auriez sans doute deviné (considérant la grosseur de leurs mandibules et de leurs yeux), sont des prédateurs. En anglais, on les nomme « tiger beetles », probablement à cause de leur approche vers la proie qui ressemble à celle d'un tigre. On aperçoit les cicindèles presque toujours au sol. Cependant, il arrive qu'elles se posent sur la végétation après un vol ou pour fuir un danger. Elles sont très actives et courent très vite sur de courtes distances, puis s'arrêtent momentanément pour repartir aussi vite quelques secondes plus tard. Les cicindèles courent tellement vite qu'elles doivent constamment s'arrêter pour réajuster leur vision et regarder autour d'elles s'il n'y aurait pas une proie à attraper. Elles semblent préférer les fourmis, mais on retrouve aussi à leur menu des araignées, des mouches ou d'autres petits organismes. La cicindèle attrape sa proie à l'aide de ses mandibules et la réduit en petits morceaux pour en former une boule dans sa bouche. Elle libère

Les cicindèles ont de gros yeux proéminents et de grosses mandibules très visibles. Ce sont des prédateurs de certains autres insectes ou de petits organismes.

* La famille des Cicindelidae est parfois traitée comme une sous-famille des Carabidae (p. 97).

COLEOPTERA
Famille_Cicindelidae

ensuite des enzymes digestives pour liquéfier la chair et avaler cette «soupe». Lorsque tout le liquide a été avalé, elle recrache une boule sèche de fragments d'insecte. La cicindèle est un peu plus connue au Québec car elle faisait partie de la compétition pour trouver un insecte emblème du Québec en 1998. C'est dommage, elle n'a pas gagné le concours, terminant même en dernière place (!) parmi un choix de cinq insectes.

Cette espèce de cicindèle se marie bien aux couleurs de l'asphalte ou du béton. Observez son ombre au sol, où l'on peut apercevoir ses grosses mandibules. Cette cicindèle chassait les fourmis passant devant elle.

La cicindèle à six points (*Cicindela sexguttata*) est une espèce assez commune dans les jardins de l'est de l'Amérique du Nord. On la voit surtout durant les mois de mai et de juin. Les cicindelles sont très actives, on les voit très souvent courir sur le sol. Elles font parfois un court arrêt pour regarder autour d'elles s'il n'y aurait pas une proie à capturer.
Photo : Henri Goulet

COLEOPTERA

Famille Coccinellidae

Coccinelles
Ladybird beetles, Ladybugs ou Lady beetles

DESCRIPTION

Les coccinelles sont de petits coléoptères de moins de 1 cm de long, de forme ovale ou presque ronde et convexe. Leurs élytres sont habituellement vivement colorés : souvent rouges, jaunes ou orangés, tachetés ou non de noir. Certaines espèces ont, au contraire, les élytres noirs avec des taches colorées. Leur pronotum est plus large que leur tête, la recouvrant parfois partiellement. Les coccinelles ont de courtes antennes et de courtes pattes rétractables (empêchant les prédateurs de les agripper).

La coccinelle était jusqu'à tout récemment l'un des insectes les plus aimés de tous : enfants, adultes et surtout jardiniers la chérissaient. On lui a même donné le nom de «bête à bon Dieu». Mais voilà qu'une intruse, la coccinelle asiatique, s'amuse à salir la belle réputation de nos coccinelles. Cette coccinelle envahit nos maisons dès les premières journées froides de l'automne. Elles peuvent parfois se retrouver par centaines sur les fenêtres et sur les plafonds des maisons. Cette coccinelle asiatique fut introduite intentionnellement en Amérique du Nord (comme plusieurs autres espèces). Malgré sa réputation d'insecte nuisible et envahissant, cette espèce est, comme la majorité des autres espèces de coccinelles, une grande prédatrice de pucerons. Les coccinelles peuvent dévorer jusqu'à 500 pucerons en une seule journée. Malheureusement, les larves de la coccinelle asiatique s'en prennent aussi aux larves de certaines autres coccinelles, ce qui pourrait un jour faire disparaître certaines espèces. Étant donné la grande voracité des larves et des adultes pour les pucerons, les coccinelles sont souvent utilisées et même commercialisées comme agents de lutte biologique contre les pucerons. Sur environ

COLEOPTERA
Famille_Coccinellidae

150 espèces de coccinelles au Canada, une seule (présente en Ontario et au Québec) est phytophage : la coccinelle mexicaine des haricots. Les coccinelles sont inoffensives pour nous (même dans les maisons). Elles ne piquent pas, ne mordent habituellement pas, ne transmettent aucune maladie. En conclusion, rappelez-vous bien l'essentiel de ce texte : les coccinelles sont encore et resteront les amies des jardiniers et les ennemies des pucerons. Si cela peut vous encourager, il paraîtrait que voir une coccinelle apporte la chance… Donc, si vous avez un problème de coccinelles chez vous, comptez-vous bien chanceux !

Les coccinelles sont probablement les insectes les plus bénéfiques dans les jardins, car elles se nourrissent presque exclusivement de pucerons (et parfois de cochenilles). Elles peuvent dévorer jusqu'à 500 pucerons en une journée. Les photos ci-dessus nous montrent des coccinelles dévorant des pucerons.

La coccinelle asiatique (*Harmonia axyridis*) a une apparence très variable : on l'appelle même la coccinelle asiatique multicolore. On la reconnaît particulièrement au signe noir sur son pronotum qui a l'apparence d'un « M », parfois dessiné d'un trait continu ou en pointillés.

COLEOPTERA

Famille_Coccinellidae

Bien que tout le monde puisse reconnaître une coccinelle adulte, très peu de gens peuvent reconnaître une larve de coccinelle. Pourtant, elle est aussi une importante consommatrice de pucerons, pouvant en dévorer des centaines au cours de son développement. On peut voir ici des larves de coccinelle dévorant des pucerons (celle du bas est une jeune larve).

Avec leur corps raboteux, ornementé de petites projections, les larves de coccinelles ressemblent à de petits alligators.

Certaines coccinelles sont jaunes et noires, comme la coccinelle à quatorze points (*Propylea quatuordecim-punctata*), une espèce accidentellement introduite d'Europe à Lévis, au Québec. Cette coccinelle est, comme la majorité des autres, une grande prédatrice de pucerons.

La coccinelle à huit points (*Brachiacantha ursina*) a une coloration un peu marginale. Son fond est noir et elle est tachetée de points orangés.

Photo : Henri Goulet

COLEOPTERA

Famille Curculionidae

Charançons
Weevils

DESCRIPTION

On reconnaît facilement les charançons à leur tête prolongée vers l'avant, formant un museau (parfois très long). Au bout de celui-ci, se trouvent les pièces buccales (de type broyeur). Leurs antennes sont courtes et se terminent en forme de massue. Elles sont insérées parfois au bout de leur museau, parfois plus près de la base. La taille des charançons varie de 0,5 mm à environ 2 cm pour la majorité des espèces. Leur couleur est variable, mais la plupart sont grises, brunes ou noires.

Les Curculionidae forment une immense famille. Il existe plus de 40 000 espèces de charançons dans le monde. Ces coléoptères se distinguent par leur long museau qui est utilisé comme une perceuse pour creuser des trous dans diverses parties de plantes (feuilles, tiges, fruits, etc.). Ce sont en fait des petites mandibules au bout du museau qui leur permettent de creuser des trous. Leurs pièces buccales sont donc de type broyeur comme celles des autres coléoptères. Certains charançons, par exemple ceux du genre *Curculio* (ci-dessus), ont le museau très long, parfois plus long que leur corps. Cela leur permet de creuser profondément dans un fruit ou d'autres parties de plantes pour ensuite y pondre un œuf. Les larves de charançon sont apodes (sans pattes) et se développent en se nourrissant habituellement à l'intérieur des tissus de la plante. Les larves causent beaucoup plus de dommages aux plantes que les adultes. Elles peuvent se retrouver dans les racines, dans les graines, ou à l'intérieur des fruits, des tiges, des troncs d'arbres, des feuilles, etc. Presque toutes les parties des plantes peuvent être attaquées par les larves. Plusieurs charançons sont d'importants ravageurs de plantes cultivées (ex. : charançon de la carotte ou charançon de la racine du fraisier), alors que d'autres sont utilisés à notre avantage dans le but de

COLEOPTERA
Famille_Curculionidae

contrôler certaines mauvaises herbes. Lorsque les charançons se sentent menacés, ils vont souvent feindre la mort en se laissant tomber sur le sol, les pattes repliées vers l'intérieur. Si ces insectes vous causent des dommages au jardin, profitez donc de ce moment pour les ramasser et mettez-les dans l'eau savonneuse.

Rhyssomatus lineaticollis est un charançon se nourrissant principalement de l'asclépiade commune. Les femelles utilisent leurs mandibules au bout de leur long museau pour faire des trous sur les tiges en laissant de grandes cicatrices. L'asclépiade sécrète un liquide blanc collant (le latex) pour se défendre. Le charançon pond un œuf par trou et les larves se développent en se nourrissant à l'intérieur des tiges.

Le charançon vert pâle (*Polydrusus impressifrons*) est assez commun dans les jardins. Il a le museau court et se nourrit sur les feuilles d'une grande variété de plantes et d'arbres (ici, sur un plant de rosier). Il n'est généralement pas nécessaire de lutter contre cet insecte.

Certains charançons sont considérés comme utiles dans la lutte contre les mauvaises herbes. Ce gros charançon (*Cleonis pigra*) en est un exemple car il se nourrit de chardons des champs.

COLEOPTERA

Famille Elateridae

Taupins, Vers fil-de-fer
Click beetles, Wireworms

DESCRIPTION

Les taupins sont des insectes au corps allongé, avec des contours arrondis, de courtes pattes et de longues antennes droites. Le segment derrière la tête (pronotum) est pointu dans les coins postérieurs. Leur taille varie habituellement entre 1 et 3 cm. La plupart des taupins sont bruns, noirs ou gris, mais certains ont des couleurs plus vives.

Les taupins ont un comportement particulièrement fascinant. Lorsqu'on les retourne sur leur dos, ils peuvent se projeter dans les airs, en un « click » audible, pour se retrouver à nouveau sur leurs pattes. C'est ce qui leur a donné le nom anglais de « click beetle ». Les adultes se nourrissent de feuilles mais ne causent pas de dommages importants. Certaines larves sont prédatrices (comme celles du taupin grand-ocelle, ci-dessus), mais la majorité sont végétariennes et peuvent être nuisibles, particulièrement pour les parties souterraines des plantes. On les appelle « vers fil-de-fer » car elles ont un corps dur, lisse et luisant leur permettant de creuser des galeries dans les racines, rhizomes et bulbes à fleurs. Les vers fil-de-fer peuvent aussi détruire les nouvelles semences et les jeunes pousses. Pour aider à réduire leurs populations dans les jardins, on peut les attirer avec des appâts comme des gros morceaux de patates piqués sur des bâtons (ce qui permet de les sortir facilement) et enfoncés à environ 5 cm de profondeur. Les patates doivent être vérifiées régulièrement pour éliminer les vers présents.

La majorité des larves de taupin vivent dans le sol, se nourrissant de racines, rhizomes et bulbes à fleurs. On les appelle « vers fil-de-fer ». À ma grande surprise, j'ai trouvé ce ver fil-de-fer dans un rhizome d'iris alors que j'étais à la recherche du perceur de l'iris (p. 155) !

COLEOPTERA

Famille_Lampyridae

Lucioles* (Mouches à feu)
Fireflies (Lightningbugs)

* Ce ne sont pas toutes les espèces qui sont lumineuses au stade adulte. On utilise parfois le nom lucioles pour les espèces lumineuses et lampyrides pour les autres.

DESCRIPTION

Les lucioles ont le corps assez plat et de forme ovale, mesurant en moyenne entre 5 mm et 1,5 cm. Leurs élytres (ailes du dessus) ne sont pas très rigides comparativement à d'autres coléoptères. Ces élytres sont principalement noirs ou bruns, parfois rayés de jaune. Au repos, leur pronotum recouvre complètement leur tête. Le pronotum est en forme de demi-cercle.

Les lucioles, qu'on appelle faussement mouches à feu, ne sont pas des mouches mais bel et bien des insectes de l'ordre des coléoptères. La plupart des gens ont déjà vu ces insectes s'illuminant comme des petites boules de feu durant les chaudes soirées d'été. La fonction de la lumière émise par les lucioles est d'attirer le sexe opposé. Les signaux émis par les lucioles sont toujours spécifiques à l'espèce. Les larves des lucioles sont des prédatrices se nourrissant de petits insectes, de limaces et d'escargots. L'alimentation des adultes est plutôt variable. Certains se nourrissent simplement de pollen ou de nectar, d'autres ne se nourrissent tout simplement pas, et, finalement, les femelles de quelques espèces sont prédatrices. Certaines femelles ont une façon bien particulière de « chasser » leurs proies. Elles imitent le signal lumineux d'une autre espèce de luciole pour attirer le mâle de cette espèce, pour ensuite l'agripper et le dévorer. Quel canular !

Les lucioles se distinguent par leur pronotum qui cache leur tête lorsqu'on les regarde du dessus.

La lumière des lucioles est émise par un organe situé dans la partie ventrale de leurs derniers segments abdominaux.

Photos : Henri Goulet

COLEOPTERA

Famille Nitidulidae

Nitidules
Sap beetles, Picnic beetles, Beer beetles

DESCRIPTION

Les nitidules sont de forme ovale, mesurant habituellement moins de 12 mm. Les élytres sont parfois trop courts pour couvrir tout leur abdomen. Leurs antennes se terminent par un renflement. Les nitidules sont de couleur foncée, souvent d'apparence luisante. Ceux que l'on aperçoit le plus souvent ont des taches colorées jaunes ou orangées sur les élytres.

Ces coléoptères semblent toujours arriver au mauvais moment, c'est-à-dire juste au début d'un repas en plein air que l'on s'apprêtait à prendre en famille. Nous voilà donc pris avec des nitidules qui volent dans les coupes de vin et les verres de bière, et qui se collent les pattes dans la salade de patates! Ces trouble-fêtes sont attirés par l'odeur de fermentation. Ils sont aussi très attirés par les fruits pourris, endommagés, et par d'autres matières en décomposition. Les tomates trop mûres dans le jardin servent de milieu favorable à leur développement et la pile de compost est, bien évidemment, une mine d'or pour eux! Le nom commun le plus utilisé en anglais pour les nitidules est «sap beetle», faisant référence à leur attirance pour la sève qui s'écoule des arbres blessés. Certains nitidules peuvent être dommageables dans les champs de culture de fruits et légumes. Les fraises, les framboises et le maïs sucré sont particulièrement affectés. La présence de ces coléoptères lors des repas à l'extérieur peut parfois être désagréable, mais ces insectes ne piquent pas et ne mordent pas, ils sont inoffensifs pour nous. Pour éviter que les nitidules vous dérangent pendant les repas, vous pouvez installer des pièges dans le jardin. Les pièges peuvent être faits à partir de récipients de plastique, par exemple avec un couvercle troué pour les laisser entrer. À l'intérieur, on peut mettre des produits dont les nitidules raffolent: vin, bière, vinaigre de cidre, mélasse, bananes ou autres fruits très mûrs, etc. Il est recommandé de placer les pièges assez éloignés de l'emplacement du repas et de les mettre en place environ une heure avant.

COLEOPTERA

Famille_Scarabaeidae

Scarabées, Vers blancs
Scarab beetles, White grubs

DESCRIPTION

Les scarabées ont de courtes antennes qui se terminent en forme de massue. Ces renflements, formés de lamelles, peuvent s'ouvrir en éventail. Les scarabées sont des insectes robustes, habituellement de forme ovale. Ils varient grandement en couleurs et grandeurs. La majorité mesurent entre 1 et 3 cm (mais peuvent atteindre 10 cm sous les tropiques). Au stade larvaire, on a un ver blanc très dodu, recourbé en forme de « C ». Ces vers ont trois paires de pattes et une tête de couleur ocre ou brune.

Certains scarabées, que l'on nomme communément « bousiers », se nourrissent d'excréments. Ils sont très importants en tant que nettoyeurs de l'environnement. Les bousiers ne sont pas très communs dans les jardins. D'autres scarabées préfèrent la matière végétale en décomposition (feuilles mortes, bois pourri) ou la charogne. Mais ceux dont le jardinier devrait se soucier un peu plus sont les scarabées phytophages qui peuvent s'attaquer aux racines, feuilles, fleurs ou fruits des plantes. Trois scarabées retiennent plus particulièrement notre attention : le hanneton commun (parfois appelé barbeau), le hanneton européen et le scarabée japonais. Ce sont principalement les larves de ces scarabées (qu'on appelle couramment « vers blancs ») qui causent des dommages, à l'exception du scarabée japonais, qui, à l'état adulte, dévore les feuilles et les fruits de plus de 300 sortes de plantes. Les vers blancs vivent sous terre, dévorant les racines de diverses plantes mais principalement celles du gazon. Le gazon infesté jaunit et meurt en plaques. Il s'arrache aussi très facilement car les racines sont détruites. Si vous soulevez les plaques de gazon jauni, vous devriez y trouver plusieurs vers blancs (vous pouvez les déposer dans un bain d'oiseaux… ils en raffolent!). Pour lutter contre ces vers, des outils pointus (en Ontario, par exemple, on peut se procurer des souliers à longues dents), un aérateur mécanique ou un rouleau clouté peuvent aérer le sol tout en

COLEOPTERA
Famille_Scarabaeidae

transperçant les vers. L'application de nématodes (parasites microscopiques) est maintenant utilisée plus couramment comme moyen de contrôle biologique. Si nécessaire, l'application d'insecticides est préférable tout de suite après la ponte des œufs (vers la fin juin ou début juillet), ou lorsque le sol est bien humide vers la mi-septembre. Dans certains cas, un renouvellement de la pelouse peut être plus approprié que l'application répétée d'insecticides. Pour une solution à plus long terme, renseignez-vous sur d'autres possibilités d'aménagements qui entraîneraient beaucoup moins de problèmes de vers blancs.

Les fameux vers blancs souvent responsables des dommages causés au gazon sont en fait des larves de scarabées. Il pourrait s'agir par exemple de la larve du hanneton commun, du hanneton européen ou du scarabée japonais.

Hanneton commun
Phyllophaga anxia

Hanneton européen
Rhizotrogus majalis

Scarabée japonais
Popillia japonica

Au stade adulte, les scarabées de plusieurs espèces se nourrissent de fleurs, de fruits ou de feuilles, alors que les larves des mêmes espèces se nourrissent souvent de matières en décomposition ou de racines de plantes. Le scarabée ponctué de la vigne (*Pelidnota punctata*), ci-contre, aime bien se nourrir de feuilles de vigne, alors que la larve se nourrit de bois en décomposition.

DIPTERA

Photo: Henri Goulet

DESCRIPTION

Les mouches n'ont qu'une seule paire d'ailes, ce qui les différencie de presque tous les autres insectes. Derrière ces ailes, elles ont une paire de petites structures, servant de balanciers, appelées haltères. Les adultes ont des pièces buccales de type suceur (piqueur-suceur ou lécheur-suceur) pour aspirer des liquides. Les larves ont des pièces buccales de type broyeur mais souvent modifiées pour percer et absorber des liquides ou filtrer des particules dans l'eau. Les mouches peuvent être de couleur brune ou noire ou brillamment colorées. Certaines ressemblant à des abeilles ou à des bourdons. Elles peuvent être à peine visibles à l'œil nu (ex. : brûlots), alors que d'autres, comme les tipules, peuvent atteindre presque 4 cm de long. Les larves sont dépourvues de pattes. On les appelle généralement des asticots.

Ordre_DIPTERA

Mouches
(Flies)
Métamorphose complète

LA MAUVAISE RÉPUTATION DES MOUCHES EST GRANDEMENT ATTRIBUABLE AUX MOUCHES « PIQUEUSES » QUI SE NOURRISSENT DE NOTRE SANG. On retrouve parmi elles les mouches noires, les moustiques, les brûlots et les mouches à chevreuil (taons). Les mouches domestiques qui se déposent dans les assiettes après avoir visité le compost ou, pire, des excréments de chien, n'aident pas vraiment à leur réputation.

Les gens sont aussi très familiers avec les mouches à fruits (drosophiles) qui se retrouvent sur les bananes trop mûres ou dans les verres de vin. Il est vrai que les mouches peuvent être incommodantes, désagréables et parfois même mortelles, car certaines sont porteuses de graves maladies comme la malaria, mais le rôle et la diversité des mouches ne s'arrêtent pas là.

Les mouches sont très communes dans les jardins, mais les gens leur accordent si peu d'importance qu'ils ne les remarquent pratiquement pas. Elles ont des modes de vie très diversifiés et la présence de certaines d'entre elles peut jouer un rôle important dans les jardins. Les larves de plusieurs mouches se nourrissent de débris végétaux ou d'autres matières organiques. Elles accélèrent donc le processus de décomposition dans les jardins et jouent un rôle important dans le recyclage des nutriments qui peuvent ensuite être réutilisés par les plantes. Plusieurs mouches visitent les fleurs pour leur pollen ou le nectar, et jouent un rôle important dans leur pollinisation. Les fleurs ont d'ailleurs développé différents stratagèmes afin d'attirer les insectes, allant même jusqu'à reproduire l'odeur de viande en décomposition pour attirer certaines mouches (il est déconseillé de les offrir en cadeau !). D'autres mouches sont prédatrices ou parasites d'insectes nuisibles de jardin. Les chamaemyiidae et les syrphidae en sont des exemples car elles sont des prédatrices de pucerons.

Il y a malheureusement d'autres sortes de mouches qui, elles, s'attaquent aux plantes. Ces mouches phytophages se développent (au stade larvaire) dans les racines, fleurs, fruits, graines ou tiges, causant parfois de sérieux dommages aux plantes. Bien que l'on ait tendance à les oublier, les mouches jouent un rôle tout aussi important que les autres insectes dans les jardins, et tout bon jardinier gagnera à mieux les connaître.

DIPTERA

Famille_Agromyzidae

**Agromyzides
ou Mouches mineuses**
Leaf-miner flies

DESCRIPTION

Les agromyzides sont de petites mouches dont la grosseur s'apparente à celle des mouches à fruits (drosophiles). Ces mouches mesurent habituellement entre 2 et 5 mm. Elles sont généralement de couleur jaune et noire, ou parfois complètement noires. Les femelles ont un tube (ovipositeur) au bout de l'abdomen pour pondre leurs œufs dans la végétation.

On ne voit que très rarement les agromyzides car elles sont très petites, ne sont jamais présentes en très grand nombre et ne restent pas à la même place très longtemps. Bien que la majorité des gens n'aient jamais vu ces mouches, il est fort probable que vous ayez déjà observé les traces qu'elles dessinent sur les feuilles. Ces traces ou «mines» sont en fait des petites galeries creusées par la larve qui se nourrit du tissu intérieur des feuilles (parenchyme). Même si elles sont mieux connues en tant que mineuses de feuilles, les larves peuvent aussi se développer à l'intérieur des tiges, des graines, des fleurs et des racines des plantes. La plupart des espèces sont très spécifiques dans leur choix de plantes hôtes. Mais certaines, comme la mineuse maraîchère (*Liriomyza sativae*), sont polyphages, c'est-à-dire qu'elles s'attaquent à plusieurs plantes non apparentées. Les agromyzides se nourrissent sur une multitude de plantes légumières (tomate, concombre, céleri, haricot, asperge, poireau, épinard, etc.) et ornementales (chrysanthème, pétunia, dahlia, etc.). Les dommages causés par les agromyzides sont souvent d'ordre esthétique dans les jardins. Une forte

Ce sont les larves des agromyzides qui causent le plus de dommages aux plantes. Cependant, les femelles adultes font aussi des dommages (obervez les taches jaunâtres) en perçant des trous dans les plantes avec leur ovipositeur pour y déposer un œuf ou pour y sucer la sève. On peut voir ici une femelle qui pond un œuf.

DIPTERA
Famille_Agromyzidae

infestation peut par contre réduire le pouvoir photosynthétique de la plante, mais ne compromet habituellement pas sa survie. Les populations d'agromyzides sont très souvent contrôlées naturellement par de petites guêpes parasites (p. 182). Il n'y a pas que les agromyzides qui font des mines dans les feuilles. Certaines chenilles de papillons, de larves d'hyménoptères ou de coléoptères peuvent aussi causer le même genre de dommages aux plantes.

Photo : Steve Marshall

Les mouches mineuses sont très souvent de couleur jaune et noire. Celles du genre *Liriomyza* sont très communes et comptent parmi celles qui sont les plus dommageables pour les plantes légumières et ornementales.

Les agromyzides, ou mouches mineuses, creusent des galeries dans les feuilles ou autres parties de plantes. Chaque espèce d'agromyzide creuse des galeries à sa façon. Les mines peuvent prendre différentes formes : linéaires, serpentines (sinueuses), circulaires, etc. Les dommages sont souvent d'ordre purement esthétique dans les jardins.

À l'éclosion, la larve d'agromyzide est très petite, mais au fur et à mesure qu'elle se nourrit du tissu de la plante, elle grandit et la mine devient plus large. À ce stade, on peut souvent apercevoir la larve à travers l'épiderme de la feuille.

DIPTERA

Famille_Anthomyiidae

Anthomyies, Mouches du chou et autres
Anthomyiids, root maggots

Photo : Lloyd Dosdall

DESCRIPTION

Ces mouches ressemblent aux mouches domestiques. Elles mesurent généralement entre 4 mm et 1 cm. Elles sont de couleur jaunâtre ou grisâtre, parfois avec des lignes sur le thorax. On reconnaît cependant la plupart des anthomyies à un caractère visible avec une loupe ou un microscope : une fine pubescence en dessous du scutellum (surface triangulaire rattachée au thorax). Les larves sont de petits asticots blanchâtres, sans pattes, et mesurent environ de 5 à 8 mm à maturité.

Les jardiniers sont beaucoup plus familiers avec le stade larvaire de ces mouches qu'avec le stade adulte, qui, lui, ressemble grandement à celui de la mouche domestique. La majorité des espèces d'anthomyies sont phytophages, alors que quelques autres se nourrissent de matières en décomposition. Les larves des espèces phytophages se développent à l'intérieur des tiges, des fleurs, des feuilles et surtout des racines des plantes. Parmi les espèces les plus nuisibles et les plus connues, on retrouve la mouche du chou (*Delia radicum*), la mouche de l'oignon (*Delia antiqua*) et la mouche des semis (*Delia platura*). Ces mouches causent le flétrissement, la décoloration, le retardement de croissance et parfois la mort des plantes affectées. La mouche du chou s'attaque aux racines des plants de crucifères (rutabaga, brocoli, radis, chou, chou-fleur, etc.). Il peut arriver que les femelles de la génération de fin d'été pondent leurs œufs sur les parties aériennes des plantes. Les larves se nourrissent alors dans les tiges de ces plantes, près de la base des feuilles. La mouche de l'oignon se développe à l'intérieur des racines de l'oignon ou parfois de certaines autres plantes apparentées comme l'ail, la ciboulette et le poireau. La mouche des semis se nourrit principalement de végétaux en décomposition mais s'attaque parfois

DIPTERA
Famille_Anthomyiidae

aux semis et aux jeunes pousses d'une variété de plantes (soya, maïs, haricot, concombre, etc.). La mouche du chou, de l'oignon et des semis hiberne sous forme de pupe dans la terre. Les adultes apparaissent au printemps et pondent leurs œufs dans la terre près de leurs plantes hôtes. Ces mouches ont plusieurs générations par été ; la première génération est la plus dommageable pour les plantes. En commençant les semis à l'intérieur et en retardant leur transplantation, on peut éviter la période de ponte des femelles de la première génération. Une autre possibilité est de protéger les semis (surtout ceux plantés tôt en saison comme les radis) en les couvrant d'une toile agro-textile pour empêcher les mouches d'y pondre leurs œufs.

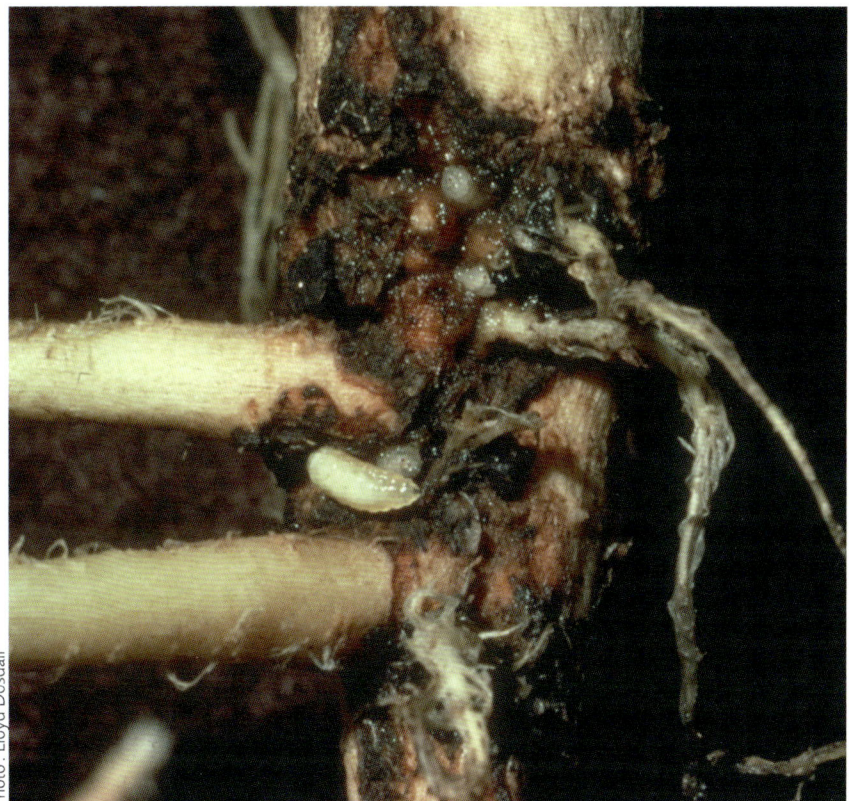

Ces petites larves sans pattes, qui creusent dans les racines des plantes, sont des larves de mouches de la famille Anthomyiidae. Il existe plusieurs espèces de ces mouches ravageuses, comme la mouche du chou, la mouche des semis et la mouche de l'oignon.

DIPTERA

Famille Asilidae

Asilides
Robber flies

DESCRIPTION

Certains asilides ont le corps mince et allongé, alors que d'autres ont le corps court, robuste et poilu, ayant parfois une apparence de bourdons. Ils mesurent entre 5 mm et 5 cm (moins de 3 cm dans nos régions). Leur tête est creusée sur le dessus, entre leurs gros yeux composés. Au devant de leur face, les asilides ont de longs poils qui leur donnent une allure de moustachu ou de barbu. Leurs pièces buccales forment un court mais puissant proboscis (bec pointu). Ils sont généralement gris ou noirs, parfois avec du duvet jaune.

Photo : Vincent Dion

Les asilides sont des prédateurs de certains autres insectes. Ils ont un bec pointu qui s'insère dans le corps des victimes. Celles-ci se font ensuite injecter un paralysant et des enzymes digestives qui liquéfieront leurs organes internes et leur permettront d'être aspirés par la suite. Les asilides attrapent parfois des insectes beaucoup plus gros qu'eux, incluant des libellules, des sauterelles et des insectes piqueurs comme les guêpes et les abeilles. Il arrive qu'un asilide parte à la poursuite d'un gros insecte dans le but de le manger, mais qu'une fois très proche, il se ravise et modifie rapidement sa trajectoire pour l'éviter.

Les asilides peuvent parfois aider à contrôler le nombre d'insectes nuisibles dans les jardins. Cet asilide s'est emparé d'un petit cercope (p. 79). Les asilides prennent habituellement des proies beaucoup plus grosses. Ce cercope servira peut-être d'entrée avant le repas principal.

DIPTERA
Famille_Asilidae

Les proies sont souvent attrapées au vol, mais certaines espèces préfèrent agripper des insectes au repos. Ces mouches sont particulièrement actives par temps chaud et ensoleillé. On les retrouve surtout dans les endroits ouverts, là où elles peuvent bien apercevoir les autres insectes en vol. Les larves des asilides sont elles aussi prédatrices, se nourrissant des œufs et des larves de d'autres insectes. Elles vivent dans le bois en décomposition ou dans la terre.

Les asilides aiment bien s'attaquer à de gros insectes. Une fois qu'elle en a attrapé un, l'asilide insère son bec pointu dans la victime pour en aspirer son contenu.

Photo : Henri Goulet

Les asilides sont parfois de très bonnes imitations de bourdon. Contrairement aux bourdons, les asilides ne peuvent piquer avec un dard, mais ils peuvent insérer leur bec pointu dans la peau, ce qui est probablement tout aussi douloureux.

Photo : Henri Goulet

DIPTERA

Famille Bombyliidae

Bombyles
Bee flies

DESCRIPTION

Les bombyles sont des mouches au corps robuste et souvent très poilu. Ils sont habituellement de couleur grise ou noire, souvent avec un duvet jaune. Ils mesurent généralement entre 1 et 2 cm. Ils ont de longues pattes minces. Leurs ailes, souvent ombragées de noir, sont tenues à l'horizontale lorsqu'elles sont au repos. Les bombyles ont de gros yeux composés et leurs pièces buccales forment habituellement une longue et mince trompe.

Les bombyles sont d'une élégance surprenante pour des mouches. Ils sont souvent très poilus, ce qui leur donne une belle apparence duveteuse! Les bombyles peuvent facilement être confondus avec des bourdons ou des abeilles. On les appelle d'ailleurs «bee flies» en anglais. Cependant, leur vol est beaucoup plus rapide que celui de ces derniers. Lorsqu'ils se sentent pris au piège (dans un filet d'entomologiste par exemple), les bombyles bourdonnent comme des abeilles. Malgré leur allure parfois impressionnante, ces mouches sont totalement inoffensives pour nous. Au stade larvaire, les bombyles se nourrissent d'autres insectes immatures (nymphes de coléoptères, larves d'abeilles, chenilles de papillons ou parfois œufs de criquets). Certaines espèces de bombyles peuvent parasiter les nids des autres insectes. Par exemple, quelques bombyles vont pondre un œuf à l'entrée d'un nid d'abeille solitaire. À l'éclosion, la larve du bombyle se nourrira des provisions de pollen du nid pour ensuite s'attaquer aux larves d'abeilles. Au stade adulte, les bombyles aspirent le nectar des fleurs à l'aide de leur longue trompe. On peut parfois les observer, en vol stationnaire, butinant les fleurs à la manière des colibris. Ils sont d'importants pollinisateurs.

DIPTERA

Famille_Bombyliidae

Les bombyles peuvent voler sur place en faisant vibrer leurs ailes très rapidement (comme les colibris). On les voit souvent dans cette position stationnaire, puisant le nectar des fleurs avec leur longue trompe.

Les bombyles ont les ailes à l'horizontale lorsqu'ils sont au repos. Leurs ailes sont souvent ombragées de noir. Les adultes visitent les fleurs pour le nectar, tandis que les larves sont des parasites ou des prédatrices de certains autres insectes.

La plupart des bombyles ont une allure d'abeille ou de bourdon. Cependant, certaines espèces ressemblent à s'y méprendre à des mouches à chevreuil (taons).

DIPTERA

Famille_Culicidae

Moustiques (Maringouins)
Mosquitoes

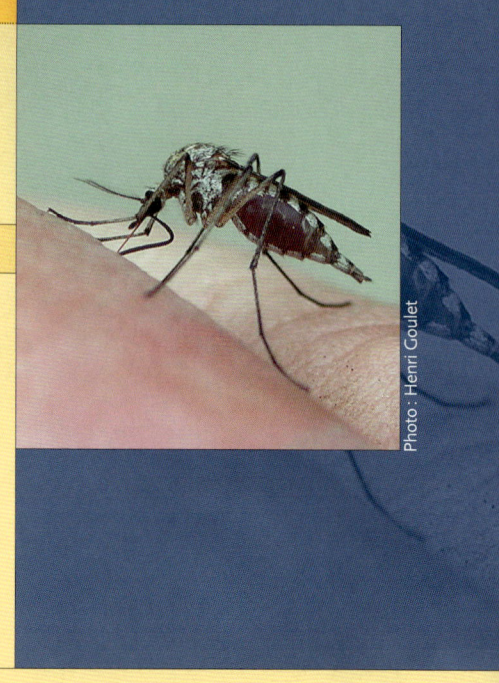

Photo : Henri Goulet

DESCRIPTION

Les moustiques sont de petites mouches, mesurant généralement moins de 9 mm. Ils ont de longues pattes minces et leurs pièces buccales forment un long tube qu'on appelle proboscis. Comme tous les autres diptères, ils n'ont qu'une paire d'ailes. Les bordures et les nervures des ailes sont couvertes de petites écailles. Les mâles ont les antennes plumeuses, alors que les femelles n'ont que quelques poils sur leurs antennes.

Tout le monde aimerait bien faire disparaître ces mouches des jardins. Les moustiques mâles ne piquent jamais, ils visitent votre jardin pour le nectar que vos fleurs peuvent leur procurer. Les femelles font elles aussi le plein d'énergie en se nourrissant de nectar, mais, sans mauvaise intention, elles ont également besoin de vous tirer un peu de sang pour le développement de leurs œufs. L'espérance de vie des femelles est d'environ trois semaines (si elles échappent à vos claques). Après un repas de sang, elles pondent leurs œufs à la surface de l'eau. Les larves sont aquatiques et mesurent environ 2 mm à maturité. Elles se développent dans l'eau stagnante. Il peut s'agir d'un lac, d'un étang ou même d'une grosse flaque d'eau. Ces mouches transmettent des maladies tuant des millions de personnes chaque année ; c'est la malaria, aussi appelée paludisme, qui fait le plus de victimes dans les régions tropicales. En Amérique du Nord, les moustiques peuvent transmettre le virus du Nil occidental. Pour diminuer les risques d'infection, il faut éliminer le plus possible les sites de reproduction des moustiques près des habitations. Pour ce faire, il faut éviter de laisser de l'eau stagnante pendant plusieurs jours dans des objets divers : bains d'oiseaux (changer l'eau régulièrement), seaux, brouettes, boîtes à fleurs, pneus, poubelles, toiles de piscine, etc. Certaines municipalités utilisent une bactérie, le Bti (*Bacillus thuringiensis israelensis*) pour lutter contre les larves de

DIPTERA
Famille_Culicidae

moustiques présentes dans les étangs ou dans les lacs. Je n'ai malheureusement pas de recette miracle à partager avec vous pour éviter de vous faire piquer par les moustiques. Mais voici les recommandations habituelles :
- couvrir votre corps de linge ample et de couleur pâle ;
- éviter de transpirer excessivement ou de faire des gestes brusques, car les moustiques sont attirés par le dioxide de carbone que vous expirez ;
- appliquer un insectifuge à base de DEET sur la peau qui n'est pas protégée par des vêtements (suivez bien les directives d'application et les consignes de sécurité).

Je pourrais cependant vous conseiller de ne pas dépenser votre argent inutilement pour des bougies à la citronnelle, des électrocuteurs d'insectes ou des appareils émettant des sons à haute fréquence, car ils ne sont malheureusement pas très efficaces pour éloigner ou tuer les moustiques.

Les moustiques sont bien présents dans les jardins. Les fleurs leur procurent du nectar qui est utilisé comme source d'énergie par les mâles et les femelles. Les arbustes et les arbres leur permettent de s'abriter lorsqu'il fait trop chaud au soleil ou qu'il y a trop de vent. Les petits étangs, les flaques d'eau et la brouette qui s'est remplie d'eau constituent des endroits idéaux pour la croissance des larves. De plus, votre présence offre l'essentiel aux femelles qui ont besoin de sang pour le développement de leurs œufs.

Photo : Henri Goulet

Les larves se développent dans l'eau stagnante. Elles se promènent dans l'eau, têtes vers le bas. Elles ont un tube respiratoire au bout de leur abdomen, qui permet la prise d'oxygène à la surface.

DIPTERA

Famille_Dolichopodidae

Dolichopodes
Longlegged flies

DESCRIPTION

Les dolichopodes sont de petites mouches mesurant généralement entre 0,5 cm et 1 cm. Ils sont brillamment colorés de reflets métalliques verts, bleus ou rouges. Certains exhibent des couleurs plus sombres comme le gris ou le noir. Les dolichopodes ont de longues pattes minces, de courtes antennes et de grands yeux. Leurs deux ailes membraneuses sont parfois tachetées de noir. Les mâles ont souvent l'appareil génital gros et recourbé sous leur abdomen.

Les dolichopodes sont très communs dans les jardins. On les voit surtout par temps chaud et ensoleillé, courant habituellement sur les feuilles des plantes. Malgré leur taille réduite, ils ne passent pas inaperçus car leurs reflets métalliques attirent notre regard. Les larves des dolichopodes se développent dans la terre humide ou sous l'écorce des arbres. Les larves et les adultes sont presque tous des prédateurs d'une variété d'insectes et d'autres petits arthropodes. Lorsqu'ils sont au stade adulte, certains dolichopodes (du genre *Dolichopus*) se nourrissent principalement de larves de moustiques qu'ils attrapent à la surface des eaux. Il n'y a que quelques espèces de dolichopodes qui sont phytophages au stade larvaire. Les mâles dolichopodes exécutent des danses très inusitées pour attirer l'attention des femelles. Certains mâles ont même les pattes ornementées de longs poils ou d'écailles noires et blanches qu'ils peuvent, tout en dansant, faire bouger sous les yeux des femelles pour les impressionner.

Grâce à leurs beaux reflets métalliques, les dolichopodes ne passent habituellement pas inaperçus malgré leur petite taille. Les dolichopodes sont des prédateurs. On peut voir sur la photo de droite un dolichopode se nourrissant d'une autre petite mouche.

DIPTERA

Famille_Syrphidae

Syrphes ou Mouches des fleurs
Flower flies ou Hover flies

DESCRIPTION

Les syrphes ont une forme de corps variable : parfois ronde et robuste, ou bien très mince et élancée. Ils mesurent pour la plupart, entre 8 mm et 1,5 cm. Ils sont très souvent colorés de jaune, brun, noir ou orangé, parfois avec l'abdomen rayé. Comme toutes les autres mouches, les syrphes n'ont que deux ailes. Celles-ci possèdent une fausse nervure (la «vena spuria»), qui est en fait un pli, située au milieu de l'aile. On peut parfois voir cette fausse nervure à l'œil nu.

Il y a beaucoup d'insectes et particulièrement plusieurs mouches qui imitent les guêpes, abeilles et bourdons, ce qui peut parfois les protéger de certains prédateurs. Toutefois, les syrphes sont probablement les plus connus des gens et certainement les plus communs de ces imitateurs au jardin. Malgré leur ressemblance parfois très frappante avec les guêpes ou les abeilles, les syrphes sont complètement inoffensifs. On peut les différencier par le nombre de leurs ailes (deux seulement) et par leur façon de voler sur place, comme des oiseaux-mouches, devant les fleurs (ou devant vous!). Au stade adulte, les syrphes butinent les fleurs pour leur pollen et leur nectar. Ils jouent un rôle important dans la pollinisation de celles-ci. Au stade larvaire, ces mouches ont des styles de vie plutôt diversifiés. Plusieurs espèces se nourrissent de matières organiques en décomposition. On les retrouve dans la végétation ou le bois pourri, dans l'eau très polluée, ou même parfois dans la charogne ou dans des excréments. D'autres espèces de syrphes colonisent les nids d'hyménoptères sociaux (fourmis, abeilles, guêpes), là où elles se nourrissent de toutes sortes de matières végétales ou animales qu'elles peuvent trouver (incluant des insectes morts ou vivants). Quelques espèces sont phytophages, se nourrissant à l'intérieur des bulbes de fleurs. Cependant, les syrphes sont plutôt reconnus pour leur aspect

DIPTERA
Famille_Syrphidae

bénéfique au jardin, car les larves de plusieurs espèces se nourrissent d'autres insectes, avec une préférence marquée pour les pucerons. Elles peuvent dévorer des centaines de pucerons au cours de leur développement larvaire. Contrairement aux larves de coccinelles et de chrysopes, les larves de syrphes n'ont pas de pattes et sont habituellement de couleur vert pâle.

On peut habituellement différencier les syrphes des insectes piqueurs par leur capacité à voler sur place devant les fleurs avec un battement d'ailes très rapide. Ces mouches sont complètement inoffensives. Donc, nul besoin de chasser les syrphes du revers de la main en pensant qu'ils veulent nous piquer.

DIPTERA
Famille_Syrphidae

Photo : Henri Goulet

Les syrphes ressemblent souvent à des petites abeilles, des guêpes ou parfois à des gros bourdons. Contrairement à ces insectes, qui ont deux paires d'ailes, les syrphes n'en ont qu'une paire, comme toutes les autres mouches.

Photo : Steve Marshall

Tous les syrphes au stade adulte visitent les fleurs pour leur nectar et leur pollen. Ils jouent un rôle important dans la pollinisation des fleurs. Leur couleur jaune et noire les protège de certains prédateurs comme les oiseaux, qui n'osent pas les manger de peur de se faire piquer.

Les syrphes sont bien reconnus pour leur utilité au jardin : les larves de plusieurs espèces sont d'importantes prédatrices de pucerons.

DIPTERA

Famille_Tachinidae

Tachinides (ou Tachinaires)
Tachinids

Photo : Henri Goulet

DESCRIPTION

Ces mouches ressemblent un peu aux mouches domestiques, mais elles sont habituellement plus grosses, mesurant régulièrement plus de 1 cm, et elles sont souvent plus poilues (surtout l'abdomen). Leur corps est parfois mince et allongé, alors que d'autres sont bien dodues. Elles sont de couleur grise, noire, jaunâtre, ou, parfois, brillamment colorées de rouge, vert ou bleu métallique. On les reconnaît plus particulièrement à la présence d'un subscutellum : renflement sous le scutellum (surface triangulaire rattachée au thorax).

La plupart des gens ne connaissent pas du tout les tachinides. Pourtant, ce sont des mouches très communes représentant l'une des plus grandes familles de diptères, avec près de 1300 espèces en Amérique du Nord. On a tendance à les ignorer, car les tachinides ressemblent souvent à de vulgaires mouches domestiques. Mais avant de sortir la tapette à mouches, assurez-vous que ce n'est pas un agent naturel de lutte biologique que vous allez tuer. En effet, ces mouches sont parmi les insectes les plus bénéfiques au jardin, car leurs larves sont des parasites (ou plus précisément parasitoïdes) de certains autres insectes, incluant les chenilles, les punaises, les sauterelles, les vers blancs, etc. Tout comme les autres insectes parasitoïdes, ces mouches se développent en se nourrissant de l'intérieur de leurs hôtes, les tuant tôt ou tard. Les femelles de certaines espèces de tachinides pondent leurs œufs sur le corps des insectes. À leur éclosion, les larves pénètrent alors l'insecte pour le manger. D'autres espèces pondent leurs œufs directement à l'intérieur du corps des insectes. Ces tachinides ont le bout de l'abdomen modifié pour percer la peau des victimes. Quelques tachinides pondent leurs

DIPTERA
Famille_Tachinidae

œufs sur de la végétation récemment endommagée par un insecte, une chenille par exemple. Les œufs peuvent alors être ingérés en même temps que les feuilles et éclore pour ensuite littéralement dévorer l'insecte de l'intérieur. Dans tous les cas, l'insecte parasité meurt après quelques jours. On peut souvent apercevoir les adultes butiner les fleurs ou sucer le miellat sur les plantes (produit par les homoptères). Si vous êtes chanceux, vous pourriez même observer une tachinide déposant un œuf sur un autre insecte.

Photos : Henri Goulet

Il existe plusieurs espèces de tachinides. Certaines sont plutôt allongées, alors que d'autres sont plus rondes et dodues. Elles peuvent parfois ressembler à des guêpes, des abeilles, des mouches bleues de la viande ou à des mouches domestiques.

Photo : Henri Goulet

Les tachinides peuvent être très utiles au jardin. Les larves de ces mouches se développent à l'intérieur des autres insectes. Les femelles adultes pondent leurs œufs sur les chenilles, vers blancs, sauterelles et autres insectes, assurant ainsi un contrôle naturel des insectes nuisibles.

DIPTERA

Famille_Tephritidae

**Téphritides
ou Mouches des fruits**
Fruit flies

Photo : Vincent Dion

DESCRIPTION

Ces mouches se reconnaissent surtout à leurs ailes tachetées, rayées ou presque complètement ombragées. Elles mesurent en général entre 3 mm et 1 cm. Les femelles ont un large tube (ovipositeur) au bout de l'abdomen, utilisé pour la ponte. Ces mouches sont généralement très colorées.

Ce sont surtout les larves des mouches téphritides qui causent des dommages en se nourrissant à l'intérieur de certaines parties de plantes comme les feuilles, les tiges et les fruits. Cependant, ces mouches sont rarement nuisibles dans les jardins. Certaines espèces, comme la mouche du tournesol (*Strauzia longipennis*), sont assez communes. Les larves se développent à l'intérieur des tiges de tournesol. La mouche de la pomme (*Rhagoletis pomonella*) peut causer des problèmes à ceux qui ont des arbres fruitiers. Les femelles pondent leurs œufs à l'intérieur des fruits (surtout les pommes, mais à l'occasion les poires, les prunes ou les cerises). Les larves, blanches et sans pattes, creusent des galeries à l'intérieur, laissant des traces brunes dans la chair. D'autres espèces de téphritides forment des galles sur les plantes. Une galle est une excroissance ou une tumeur sur la plante provoquée par la larve ; cette dernière peut ainsi se nourrir de ce surplus de tissus à l'abri des prédateurs. Malgré les problèmes qu'elles peuvent parfois causer, on ne peut ignorer la beauté de ces mouches. On les appelle parfois en anglais « peacock flies » (« mouche paon ») à cause de leur habitude de bouger leurs ailes lentement de haut en bas, dans le but de séduire le sexe opposé.

La mouche du tournesol (*Strauzia longipennis*) pond ses œufs dans les tiges des jeunes plants de tournesol. Le mâle a de gros poils noirs dressés sur la tête, ce qui lui donne une allure quelque peu échevelée.

DIPTERA

Famille_Tipulidae

Tipules
Crane flies

DESCRIPTION

Les tipules sont des mouches au corps mince et allongé. Leurs pattes sont fines et très longues. Plusieurs sont très grandes, mesurant parfois jusqu'à 3,5 cm de long. Elles ont une paire d'ailes étroites et allongées, parfois avec des taches foncées. Les tipules sont habituellement de couleur jaunâtre, grise ou brune.

Les tipules ressemblent à de gigantesques moustiques. Elles sont très communes dans les jardins et parfois dans les maisons, car les lumières les attirent. Ces mouches ont les pattes très longues et fragiles, se détachant facilement. Malgré leur apparence impressionnante, ces mouches ne piquent pas, elles sont complètement inoffensives. Les adultes ont une courte vie. Certains s'alimentent de nectar, alors que d'autres ne prennent même pas le temps de manger. Les adultes ne causent donc aucun dommage aux plantes. Les larves de plusieurs espèces vivent en milieu aquatique ou semi-aquatique (aux abords d'un étang par exemple). Certaines de ces espèces sont prédatrices, alors que d'autres se nourrissent de matières végétales en décomposition. Il y a plus de 1600 espèces de tipules en Amérique du Nord. Parmi toutes ces espèces, il n'y a que la tipule des prairies (*Tipula paludosa*) qui mérite d'être mentionnée pour les dommages qu'elle peut causer dans les jardins. Les larves de cette espèce vivent dans le sol, s'alimentant principalement de racines de gazon, et, à l'occasion, de racines de fleurs, de légumes ou, parfois, de fraisiers. Cette espèce, introduite d'Europe, a une distribution limitée en Amérique du Nord. Au Canada, on la retrouve en Nouvelle-Écosse, en Ontario et en Colombie-Britannique.

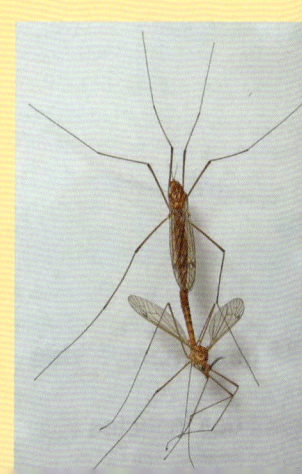

Les tipules ressemblent à de gigantesques moustiques, mais elles sont complètement inoffensives. On aperçoit souvent les tipules en tandem. Leur vie au stade adulte étant de courte durée, elles doivent se reproduire avant de mourir.

LEPIDOPTERA

DESCRIPTION

Les papillons se caractérisent par la présence d'écailles sur leur corps, leurs pattes et leurs deux paires d'ailes membraneuses. Ce sont les écailles qui leur donnent leurs belles couleurs. Certaines parties des ailes peuvent en être dépourvues, celles-ci apparaissent transparentes à ces endroits. Leurs antennes sont longues et prennent différentes formes : en forme de fil, parfois se terminant par un renflement, pectinées ou plumeuses. Leurs pièces buccales sont de type suceur, ayant la forme d'une longue trompe qui s'enroule sur elle-même au repos, mais qui se déroule lorsque le papillon s'alimente de nectar ou d'autres liquides. Le stade larvaire est appelé chenille. Les chenilles ont des pièces buccales de type broyeur, trois paires de pattes sur le thorax et habituellement cinq paires de fausses pattes sur l'abdomen (sur les segments abdominaux 3 à 6 et sur le 10e).

Ordre_LEPIDOPTERA

Papillons
(Moths and Butterflies)
Métamorphose complète

CERTAINES PERSONNES ONT TENDANCE À OUBLIER QUE LES PAPILLONS SONT DES INSECTES. Pour eux, il y a les insectes et il y a les papillons ! Les papillons sont sans aucun doute les insectes les plus populaires auprès des gens. Pourtant, les papillons sont bel et bien des insectes, avec une métamorphose complète. La larve est en fait une chenille à l'appétit insatiable qui mange presque sans arrêt. La majorité des chenilles se nourrissent de plantes et peuvent en dévorer toutes les parties (feuilles, tiges, fleurs et fruits).

Les papillons sont divisés en deux groupes : les papillons de jour et les papillons de nuit. Les papillons de jour ont les antennes en forme de fil, avec un renflement au bout. Les papillons de nuit ont les antennes en forme de fil, pectinées ou plumeuses, mais elles n'ont pas de renflement à leur extrémité. Les autres caractères sont plutôt variables. Bien que les papillons de nuit soient habituellement de couleur sombre et actifs de nuit, certains sont très colorés et actifs de jour ! Les papillons de nuit représentent environ 85 % de tous nos papillons. Étant donné cette grande diversité, il y a beaucoup plus d'espèces de papillons de nuit qui sont nuisibles dans les jardins, comparativement aux papillons de jour. À titre d'exemple, citons le perceur de l'iris, le sphinx de la tomate, le ver gris, la livrée d'Amérique et la pyrale du maïs. D'autres papillons de nuit sont d'importants ravageurs dans les forêts (la livrée des forêts, la spongieuse, la tordeuse des bourgeons de l'épinette, etc.). Il n'y a cependant que quelques espèces de papillons de jour dont les larves peuvent causer des dommages aux jardins. La piéride du chou en est un exemple. Malgré leur taille impressionnante ou leur apparence parfois féroce, les chenilles sont, pour la plupart, inoffensives. Quelques espèces peuvent irriter la peau (démangeaisons et sensations de brûlure) avec leurs poils urticants.

Les chenilles des papillons sont souvent très spécifiques dans leur choix de plantes hôtes. Les femelles doivent choisir avec soin la plante sur laquelle elles pondent leurs œufs. Même si vous n'avez pas les plantes hôtes des chenilles dans votre jardin, vous pouvez attirer les papillons en tant que visiteurs dans votre jardin en leur offrant une grande variété de fleurs nectarifères. Toutefois, le menu des papillons ne s'arrête pas là. Certains aspirent également la sève s'écoulant des arbres blessés, de la boue, les liquides sur les fruits en décomposition, sur les cadavres d'animaux, et même de l'urine et des excréments.

LEPIDOPTERA

Famille_Arctiidae

Arctiides
Tiger moths ou Wasp moths

DESCRIPTION

Ces papillons ont généralement des couleurs vives et contrastantes. Leurs ailes sont fréquemment marquées de formes et de dessins de couleur beige, brune ou noire. La majorité des espèces ont une envergure d'environ 3 à 7 cm. Leurs antennes sont pectinées ou plumeuses (plus larges chez les mâles). Les chenilles sont habituellement très poilues.

Les arctiides sont des papillons de nuit souvent très colorés. Certaines espèces sont actives de jour, on les aperçoit couramment aspirer le nectar sur les fleurs. D'autres espèces ont la trompe atrophiée et ne se nourrissent pas. Les chenilles des arctiides sont très poilues. Plusieurs espèces s'alimentent de lichens, alors que d'autres se nourrissent sur diverses plantes herbacées ou sur les arbres et les arbustes. Elles ne sont généralement pas nuisibles aux plantes de jardin. Cependant, certaines peuvent causer des dommages aux arbres. Une espèce bien connue est la chenille à tente estivale (*Hyphantria cunea*). Cette espèce ne met habituellement pas la survie des arbres en danger, mais cause surtout des dégâts d'ordre esthétique. Les chenilles vivent en groupe dans une «tente» de soie (comme la livrée d'Amérique, p. 149), qu'elles tissent habituellement aux bouts des branches. Elles agrandissent la tente au cours de leur développement, recouvrant parfois une branche complète d'un arbre. Les chenilles se nourrissent des feuilles tout en restant protégées à l'intérieur de la tente.

Les chenilles des arctiides sont souvent très poilues. La chenille d'Isia isabelle (*Pyrrharctia isabella*) est très poilue, comme la majorité des chenilles d'arctiides. Cette espèce passe l'hiver sous forme de chenille. Cette photo a été prise au début du mois d'octobre lorsqu'elle cherchait probablement un endroit pour hiberner.

LEPIDOPTERA
Famille_Arctiidae

Les arctiides sont des papillons de nuit souvent très colorés. La lithosie écarlate (*Hypoprepia miniata*) en est un bon exemple.

Le cisseps à col orangé (*Cisseps fulvicollis*) est commun durant la journée sur les fleurs. Cette espèce n'a pas de dessin sur ses ailes comme la plupart des arctiides.

LEPIDOPTERA

Famille_Hesperiidae

Hespéries
Skippers

DESCRIPTION

Ces papillons ont le corps trapu et une tête large. La majorité ont une envergure ne dépassant pas 4 cm (certaines peuvent atteindre 6 cm). Elles sont généralement de couleur brune, parfois avec du jaune ou de l'orangé sur les ailes. Les bases de leurs antennes sont très écartées. Les antennes se terminent par un renflement en forme de crochet. Les chenilles n'ont pas de poil (ou très peu) et sont souvent de couleur verte. Leur tête est ronde et large, parfois avec des tâches en forme de gros yeux.

Les hespéries sont les papillons de jour les plus primitifs qui soient. Elles ressemblent davantage à des papillons nocturnes à cause de leur robustesse et leur corps velu. Ces papillons ont un vol rapide et saccadé, très distinctif, qui nous permet de les identifier même en vol. Les hespéries se tiennent généralement sur la végétation basse. Les chenilles de plusieurs espèces se nourrissent de plantes légumineuses ou de graminées. On aperçoit rarement les chenilles des hespéries, car elles passent leur vie à l'intérieur d'un abri qu'elles se construisent à l'aide de feuilles de leur plante hôte. Il peut s'agir simplement d'une feuille roulée ou de feuilles coupées et retenues par des fils de soie. Contrairement aux autres papillons de jour, qui ne forment pas de cocon, les hespéries se transforment en chrysalides à l'intérieur de ces abris ou à l'intérieur d'un cocon lâchement tissé. La majorité passent l'hiver sous forme de chenilles ou de chrysalides.

Les hespéries sont des papillons diurnes au corps robuste et au vol saccadé. Elles passent beaucoup de temps à se faire chauffer au soleil ou simplement à se reposer sur la végétation.

Photo : Henri Goulet

LEPIDOPTERA

Famille Lasiocampidae

Livrées
Tent caterpillars

DESCRIPTION

Ces papillons ont le corps robuste et velu. Ils sont généralement de couleur brune, jaunâtre ou grise. Leur trompe est atrophiée ou absente (ils ne se nourrissent pas). Leurs ailes ont une envergure d'environ 2,5 cm à 5 cm. Mâles et femelles ont les antennes plumeuses (plus développées chez les mâles). Les chenilles sont poilues et ont des dessins et des lignes longitudinales sur leur corps.

Les membres de la famille des Lasiocampidae sont des papillons de nuit. On aperçoit rarement les adultes, mais on peut régulièrement voir les chenilles de certaines espèces, qui forment des «tentes» de soie dans les arbres et arbustes (voir aussi chenille à tente estivale, p. 146). La livrée d'Amérique (*Malacosoma americanum*) est la plus commune sur les arbres et arbustes de nos jardins. Les chenilles de cette espèce se nourrissent sur une grande variété d'arbres mais préfèrent les arbres fruitiers (pommiers, cerisiers) et d'autres plantes de la famille des rosacées. Les chenilles restent en groupe et construisent une tente de soie entre les branches. Celle-ci les protège des prédateurs et permet aux chenilles de s'y réfugier de temps à autres. Lorsqu'elles atteignent la maturité, les chenilles se dispersent pour aller tisser un cocon. C'est souvent à ce moment qu'on les voit un peu partout, rampant sur le parterre ou sur les murs des maisons. Le cocon est parfois tissé sur les arbres ou à d'autres endroits comme sur les clôtures ou sous les galeries. Pour se débarrasser de ces chenilles, il vaut mieux attendre qu'elles soient rentrées dans leur tente afin de les éliminer toutes en même temps. Le meilleur temps est habituellement lorsque la température est inférieure à 15°C ou supérieure à 30°C, ou lorsqu'il pleut. On peut sectionner la ou les branches supportant la tente ou détruire celle-ci à la main (une méthode moins dommageable pour l'arbre). Les chenilles peuvent être plongées dans l'eau savonneuse ou vous pouvez les écraser (en utilisant votre roche d'exécution, voir p. 29).

LEPIDOPTERA

Famille_Lasiocampidae

Les chenilles de la livrée d'Amérique (*Malacosoma americanum*) vivent en colonie et forment des structures de soie (communément appelées «tentes») sur les branches des arbres et des arbustes. Elles sortent de leur tente plusieurs fois par jour pour se nourrir des feuilles avoisinantes, mais y reviennent régulièrement pour s'y réfugier.

Au stade adulte, la livrée d'Amérique est un papillon au corps trapu et velu, de couleur brun pâle ou brun rougeâtre. Les chenilles de la livrée d'Amérique se reconnaissent à leur ligne dorsale de couleur pâle qui longe leur corps.

Après l'accouplement, les femelles déposent de 200 à 300 œufs autour d'une branche de faible diamètre. Ces œufs sont enduits d'une substance gluante qui les protège pour l'hiver. Si vous remarquez ces masses sur les branches d'arbres ou d'arbustes, il serait préférable de les enlever avant l'éclosion des œufs au printemps.

LEPIDOPTERA

Famille_Lycaenidae

Lycénidés (Bleus, Cuivrés, Porte-queues, etc.)
Blues, Coppers, Hairstreaks, etc.

DESCRIPTION

Ces papillons mesurent moins de 5 cm d'envergure. Plusieurs sont de couleur brune, orangée ou bleue et certains ont des reflets métalliques. Le dessous des ailes est souvent plus pâle, avec des figures différentes de celles du dessus. Les porte-queues ont les ailes postérieures se terminant par une courte et mince queue. Les mâles des lycénidés ont les pattes avant réduites. Les antennes des lycénidés sont annelées de blanc et leurs yeux sont entourés d'un cercle blanc. Les chenilles ont le corps plutôt court et aplati. Elles sont légèrement poilues et sont souvent de couleur verte.

Les Lycaenidae sont de très jolis papillons de jour, à l'apparence fragile et délicate. On les aperçoit à l'occasion dans les jardins, mais plusieurs espèces fréquentent davantage les tourbières, les prairies ouvertes, les bords des boisés, les clairières ou les champs. Les bleus sont souvent très petits, mais avec leur couleur (assez rare chez les papillons) ils passent rarement inaperçus. Cependant, les femelles des bleus ne sont pas toujours très bleues. Elles peuvent même être presque complètement brunes ou grises, mais généralement on peut quand même apercevoir un reflet bleuté. Les chenilles des lycénidés ne sont pas longues et cylindriques comme la majorité des autres chenilles. Elles sont plutôt courtes et aplaties. Pour cette raison, on les compare souvent à des limaces ou à des cloportes. La majorité des chenilles des lycénidés sont phytophages, se nourrissant donc des fleurs, des fruits et des graines des plantes. Par contre, le moissonneur (*Feniseca tarquinius*) est bien différent des autres espèces de cette famille, car il se nourrit de pucerons lanigères (ou pucerons laineux, traduit de l'anglais «woolly aphids»). On retrouve les chenilles du moissonneur surtout sur les aulnes dans l'est de l'Amérique du Nord.

LEPIDOPTERA
Famille_Lycaenidae

Lorsqu'ils se posent sur les fleurs, les Lycénidés tiennent leurs ailes bien collées ensemble à la verticale, au-dessus de leur corps.

Photo : Agriculture et Agroalimentaire Canada

Les chenilles des Lycaenidae ne ressemblent pas aux chenilles des autres papillons. Elles ont le corps large et aplati. On les compare souvent à des cloportes ou à des limaces.

Les lycénidés sont de petits papillons, à l'allure très délicate, qui se reconnaissent plus particulièrement à leurs antennes pourvues d'anneaux blancs. Les porte-queues ont les ailes postérieures se terminant par une courte et mince queue.

On appelle ces beaux petits papillons bleus... les bleus. Ils ont une couleur très délicate passant du bleu très pâle au bleu-mauve plus foncé. Par contre, les femelles sont parfois brunâtres ou grisâtres.

Photo : Henri Goulet

Photo : Henri Goulet

LEPIDOPTERA

Famille_Noctuidae

Noctuelles
Noctuid moths

Photo : Henri Goulet

DESCRIPTION

Ces papillons de nuit ont le corps robuste, poilu, et sont, pour la plupart, de couleur brune ou grise, souvent avec des lignes ou des taches sur les ailes. Certains ont les ailes postérieures vivement colorées. La majorité des espèces ont une envergure d'environ 2 à 6 cm. Au repos, ils tiennent leurs ailes en forme de toit au-dessus de leur corps. Les mâles et les femelles ont les antennes droites, en forme de fil. Les chenilles ont le corps lisse et sont souvent de couleur terne. Seulement quelques espèces sont très poilues.

La famille Noctuidae est la plus grande famille de papillons. Il existe des milliers d'espèces de noctuelles et plusieurs d'entre elles sont des ravageuses importantes de plantes de jardin. La plupart des adultes sont actifs de nuit, seulement quelques espèces peuvent être vues de jour. Certaines noctuelles aspirent la sève des arbres blessés, d'autres prennent le nectar des fleurs et certaines ne se nourrissent tout simplement pas. Les jardiniers sont bien familiers avec les dommages causés par les larves de ces papillons, mais souvent ils ne savent pas que ces insectes ravageurs deviendront un jour papillons. Un perceur de l'iris (*Macronoctua onusta*) ne perce pas les iris toute sa vie. Comme les autres chenilles, il se métamorphosera en papillon. Au stade larvaire, plusieurs noctuelles se nourrissent de feuilles, alors que d'autres pénètrent les tiges, les racines ou les fruits des plantes. Parmi les espèces les plus communes au jardin, on retrouve le perceur de l'iris (p. 155), plusieurs espèces de vers gris (p. 158), la fausse-arpenteuse du chou (*Trichoplusia ni*) et la noctuelle des fruits verts (*Lithophane antennata*). La transformation en chrysalide a lieu dans la terre pour plusieurs espèces de noctuelles. On trouve parfois ces chrysalides lorsque l'on creuse dans les plates-bandes. L'inspection régulière des plantes de jardin et la destruction des œufs, des chenilles ou des chrysalides des noctuelles sont des méthodes simples pour diminuer les ravages causés par ces papillons.

LEPIDOPTERA
Famille_Noctuidae

La plupart des papillons qui volent aux lumières des maisons le soir sont des noctuelles. Plusieurs espèces ont des couleurs sombres tandis que d'autres, comme celles-ci, ont les ailes postérieures vivement colorées.

On trouve parfois des chrysalides de noctuelles (et d'autres papillons de nuit) dans la terre. On peut alors les détruire avant que les papillons émergent et pondent des œufs sur les plantes.

La noctuelle des fruits verts (*Lithophane antennata*) est un exemple de Noctuidae qui peut causer des dommages dans le jardin. Les chenilles s'attaquent aux feuilles, aux bourgeons et aux jeunes fruits des végétaux. On la retrouve au printemps ou en début d'été sur plusieurs plantes et arbres.

Une autre noctuelle pouvant causer des dommages au jardin est la fausse-arpenteuse du chou (*Trichoplusia ni*). Les chenilles de cette espèce sont d'importantes défoliatrices de végétaux (chou, brocoli, navet, pomme de terre, betterave, etc.). Contrairement aux autres chenilles qui ont habituellement cinq paires de fausse pattes sur l'abdomen, ces chenilles n'en ont que trois paires.

LEPIDOPTERA

Famille_Noctuidae

Perceurs de l'iris
Iris borers

DESCRIPTION

Le perceur de l'iris est une grosse chenille de couleur rose pâle avec une tête couleur marron. La chenille mesure environ 5 cm à maturité. Comme la plupart des autres chenilles, le perceur de l'iris a trois paires de pattes segmentées sur le thorax et cinq paires de fausses pattes sur les segments abdominaux.

Si vos iris ont la mine basse, les feuilles tachetées, décolorées et trouées, c'est probablement la faute du perceur de l'iris (*Macronoctua onusta*). Ces chenilles creusent des galeries dans les rhizomes des iris, causant parfois de sérieux dommages. Les lésions qu'elles infligent aux iris favorisent ensuite le développement d'une bactérie qui est responsable du pourrissement des plants. Le perceur de l'iris est en fait la chenille d'un papillon (une noctuelle). La femelle de ce dernier pond ses œufs à l'automne sur les feuilles d'iris ou dans les débris végétaux, près de l'emplacement des plants. Au printemps suivant, les œufs éclosent et les larves (ou chenilles) pénètrent à l'intérieur des feuilles émergentes. Les larves commencent par se nourrir dans les feuilles pour ensuite se diriger vers les rhizomes où elles creusent des galeries. Elles atteignent leur maturité vers le milieu de l'été, généralement en juillet. À ce moment, elles migrent dans le sol pour se transformer en chrysalide. On peut réduire les dommages causés par le perceur de l'iris en coupant à l'automne, ou très tôt au printemps, tous les feuillages des vieux plants d'iris. Cela permettra d'éliminer les œufs qui pourraient y avoir été pondus. Les feuilles devraient être détruites et non enfouies ou compostées. Il est également important d'enlever les débris végétaux autour des iris pour éliminer les autres sites favorables à la ponte. Tôt au printemps, prêtez attention aux nouvelles pousses afin de détecter la présence de jeunes larves s'apprêtant à pénétrer les feuilles. À ce moment, les

LEPIDOPTERA
Famille_Noctuidae

perceurs de l'iris sont petits et vous pouvez les écraser avec vos doigts. Il est recommandé de disperser vos iris et de les diviser régulièrement (aux trois ans) pour éviter que les perceurs se propagent à l'intérieur d'un même rhizome. Vous pouvez déterrer et détruire les plants atteints. Si vous préférez les garder, assurez-vous d'éliminer toutes les larves (perceurs de l'iris) et de garder uniquement les parties saines : sans larve ni pourriture.

Si vos iris sont mal en point et que les tiges s'affaissent au sol, il y a de bonnes chances que le coupable soit le perceur de l'iris.

En écartant la base des feuilles endommagées, on y retrouve très souvent une chenille qu'on appelle « perceur de l'iris ».

LEPIDOPTERA
Famille_Noctuidae

Photo : Lise Sénécal

On doit parfois déterrer le plant d'iris au complet car le perceur de l'iris pourrait s'être frayé un chemin jusqu'au rhizome.

On ne voit que très rarement le papillon du perceur de l'iris. Pour capturer ce papillon (afin de vous divertir !), vous pouvez entourer d'un filet les plants infestés de perceurs de l'iris. Ce papillon (ci-dessus), capturé ainsi, a émergé de la terre à la mi-septembre. Il n'a pas eu la chance de s'accoupler, ayant terminé sa vie au congélateur pour ensuite être placé sur une aiguille dans la collection du Musée d'entomologie Lyman (glorieuse fin finalement).

LEPIDOPTERA

Famille_Noctuidae

Vers gris
Cutworms

DESCRIPTION

Les vers gris sont de gros vers dodus de couleurs variant du gris (parfois pâle) au noir. Ils ont souvent des rayures longitudinales ou des rangées de points sur leur corps. Les vers gris ont, comme la plupart des autres chenilles, trois paires de pattes segmentées sur le thorax et cinq paires de fausses pattes sur les segments abdominaux 3 à 6 et 10. Ils mesurent environ 2,5 cm à 4 cm à maturité.

Les vers gris sont des chenilles de papillons de nuit, plus précisément de noctuelles. On les aperçoit rarement, car ils vivent sous la terre et ne sortent que la nuit. On peut par contre constater leurs ravages sur les jeunes plants qui sont sectionnés à leur base. Il existe plusieurs espèces de vers gris, par exemple le ver gris moissonneur (*Euxoa messoria*), le ver gris noir (*Agrotis ipsilon*) et le vers gris panaché (*Peridroma saucia*). Certaines espèces se nourrissent de feuilles à la base des plants ou creusent des galeries dans les fruits, mais la majorité rongent la tige au ras du sol de diverses plantes. Les graminées, ainsi que différentes plantes potagères et parfois ornementales (tels les tulipes, narcisses, pétunias, etc.), peuvent être attaqués. Les vers gris sont actifs au printemps et en début d'été, généralement de la mi-mai à la fin juin. Si vous constatez des dégâts attribuables aux vers gris, grattez délicatement le sol autour des plants, vous pourriez apercevoir le ver qui se tient dans les 3 à 5 premiers centimètres du sol. Vous pouvez aussi faire la chasse aux vers gris le soir avec une lampe de poche. Pour prévenir les dommages des vers gris, vous pouvez enfoncer, à une profondeur d'environ 2 à 3 cm, un collet de protection autour des jeunes plants. De plus, on peut attirer les prédateurs naturels des vers gris, comme les carabes, en plaçant par exemple des pierres ou du paillis dans le potager pour leur servir d'abri.

LEPIDOPTERA

Famille_Nymphalidae

Nymphalides
Brush-footed butterflies

DESCRIPTION

Les nymphalides sont de couleurs variables, mais la majorité sont principalement oranges et/ou brunes. Certaines espèces ont des taches argentées sous les ailes. La plupart ont une envergure d'environ 4 à 9 cm. Le monarque est un peu plus grand, pouvant atteindre 11 cm. Les nymphalides ont les pattes avant très réduites. Elles ne peuvent pas être utilisées pour marcher. Les chenilles sont d'apparence très variable.

Cette famille regroupe les argynnes, les fritillaires, les polygones, les vanesses, les amiraux, les satyres, les monarques et d'autres. Plusieurs espèces visitent régulièrement les fleurs pour leur nectar. Cependant, certains nymphalides préfèrent aspirer le jus des fruits très mûrs. On peut apercevoir des nymphalides très tôt au printemps, car certaines espèces hibernent au stade adulte : le morio (*Nymphalis antiopa*) et la petite vanesse (*Nymphalis milberti milberti*) en sont des exemples. D'autres nymphalides préfèrent passer l'hiver à l'extérieur du pays. Ce sont des papillons migrateurs. Les migrations spectaculaires du monarque (*Danaus plexippus*) ont particulièrement attiré notre attention depuis des années. Les monarques s'envolent vers le sud avant l'arrivée des grands froids. On serait porté à croire qu'ils nous quittent pour aller se faire chauffer au soleil tout en butinant une belle fleur mexicaine, mais ce n'est pas le cas. Certaines populations de monarques se rassemblent aux sommets de très hautes montagnes du Mexique, là où la température frôle le point de congélation. Ils s'entassent par milliers, suspendus aux branches des sapins. Ce n'est qu'au début du printemps suivant que les monarques s'accouplent et qu'ils amorcent le chemin du retour. Bien qu'ils soient assez communs, on ne se lasse jamais de voir un monarque apparaître dans le jardin au début de l'été. Les adultes butinent

LEPIDOPTERA
Famille_Nymphalidae

le nectar d'une grande variété de fleurs. Les chances d'apercevoir un monarque sont cependant beaucoup plus grandes si vous avez des asclépiades dans le jardin, car les chenilles du monarque se nourrissent uniquement de cette plante. Une dernière petite note concernant les nymphalides : l'amiral (*Limenitis arthemis*) a été choisi comme insecte emblème du Québec. Il a été de loin préféré à la cicindèle (p. 112). L'amiral ne visite pas souvent les fleurs, il préfère aspirer les liquides à la surface des fruits en décomposition ou des excréments d'animaux. Aurait-il gagné le concours si les gens avaient su ?

La belle dame (*Vanessa cardui*) est répandue dans le monde entier, à l'exception de l'Antarctique et de l'Amérique du Sud. Comme plusieurs papillons, la belle dame a le dessous des ailes avec des couleurs et des dessins bien différents de ceux du dessus.

L'amiral est l'insecte emblème du Québec. Ce papillon de la famille Nymphalidae ne fréquente pas souvent les fleurs. Il préfère absorber les liquides à la surface des fruits fermentés ou sur les excréments d'animaux.

Le morio est l'un des premiers papillons à faire son apparition dans les jardins au printemps. Il passe l'hiver au stade adulte caché sous l'écorce soulevée des arbres, parmi les cordes de bois ou dans d'autres abris.

Photo : Henri Goulet

LEPIDOPTERA

Famille_Nymphalidae

Tout comme le morio, la petite vanesse hiberne au stade adulte et fait son apparition dans les jardins très tôt au printemps. La petite vanesse a jusqu'à trois générations par année. Les individus que l'on aperçoit au début du printemps ont les ailes usées, mais ceux des générations subséquentes ont une allure plus fraîche. Les chenilles de la petite vanesse se nourrissent d'orties.

Le monarque butine le nectar d'une grande variété de fleurs. La chenille du monarque se nourrit d'asclépiade. Elle est vivement colorée, ce qui avertit les prédateurs de sa toxicité.

LEPIDOPTERA

Famille_Papilionidae

Porte-queues
Swallowtails

Photo : Henri Goulet

DESCRIPTION

Les Papilionidae sont de gros papillons (envergure d'environ 7 à 9 cm) qui se reconnaissent particulièrement à la présence d'une délicate projection (ou queue) au bas de chaque aile postérieure. La majorité sont principalement noirs ou jaunes, avec de beaux dessins sur les ailes. Les chenilles sont d'apparence variable. Elles sont lisses et parfois très colorées. Certaines sont rayées, alors que d'autres sont marbrées de brun et blanc, évoquant les excréments d'oiseaux. Certaines chenilles ont des marques en forme de gros yeux, juste derrière leur tête.

Les porte-queues sont de beaux et grands papillons qui ne passent pas inaperçus. Lorsqu'ils visitent les fleurs, on peut facilement voir leur longue trompe y pénétrer pour en aspirer le nectar. On remarque à l'occasion des porte-queues avec une queue (parfois deux) en moins. Ces petites projections, au bas de chacune des ailes postérieures, se brisent facilement lorsqu'elles restent coincées (dans un bec d'oiseau par exemple). Donc, un porte-queue «sans queue» est un papillon qui a réussi à s'échapper d'une situation qui aurait pu lui être fatale. Le papillon du céleri est un porte-queue très commun dans les jardins de l'est de l'Amérique du Nord. Il est particulièrement fréquent dans les jardins ou l'on cultive du persil, des carottes, du panais, du céleri ou d'autres plantes de la famille des apiacées (ombellifères). La femelle de ce papillon pond uniquement sur ces plantes, qui servent d'unique source de nourriture pour les chenilles. En anglais, on les appelle «parsley worms» (vers du persil). Le papillon tigré du Canada (*Papilio canadensis*) est un très beau porte-queue (photo ci-dessus). On l'aperçoit plus fréquemment dans les boisés que dans les jardins, car les chenilles se nourrissent sur les feuilles d'arbres (saules, cerisiers, peupliers et frênes).

LEPIDOPTERA
Famille_Papilionidae

Le papillon du céleri (*Papilio polyxenes*) est un porte-queue très commun dans les jardins. Il a une longue trompe bien visible qu'il déroule lorsqu'il butine les fleurs.

Cette belle chenille est celle du papillon du céleri. Elle se nourrit de feuilles de persil, de céleri ou d'autres plantes de la famille des apiacées. Lorsque la « propriétaire » de ce persil a appris que cette chenille formerait un très beau papillon porte-queue, elle a décidé de la garder sur son persil, en disant « En autant qu'elle m'en laisse un peu ! » Quelle belle leçon de partage !

LEPIDOPTERA

Famille_Pieridae

Piérides et Coliades
Whites and Sulfurs

DESCRIPTION

Les Pieridae sont des papillons de moyenne taille (envergure d'environ 4 à 6 cm), de couleur principalement jaune, orangée ou blanche. Ces papillons ont souvent des taches ou des lignes brunes sur les ailes ou une bordure brune à leurs extrémités. Mâles et femelles ont souvent une allure différente. Les chenilles sont de couleur verte et ont de petits poils sur leur corps.

Les piérides (sous-famille des Pierinae) sont blanches avec des taches brunes ou noires sur le dessus des ailes. La plus connue est sans aucun doute la piéride du chou (*Pieris rapae*). Cette espèce d'origine européenne a été introduite accidentellement en Amérique du Nord (au Québec) dans les années 1860. Elle s'est ensuite graduellement répandue dans tout le continent. La présence de cette espèce dans nos jardins n'est pas très appréciée. Les chenilles de la piéride du chou se nourrissent de feuilles d'une grande variété de plantes crucifères (brassicacées), incluant divers types de choux, radis, navets et brocolis. Elles grugent des trous dans les feuilles en plus de contaminer les végétaux d'excréments. Pour réduire les dommages causés par les chenilles, vous pouvez les enlever à la main. Il faut regarder attentivement, car elles sont pratiquement de la même couleur que le feuillage. Les jeunes chenilles se tiennent habituellement sous les feuilles périphériques de la plante, alors que les chenilles plus matures se retrouvent plus souvent vers l'intérieur. Les chenilles peuvent également être délogées à l'aide d'un jet d'eau puissant. L'utilisation d'une toile agrotextile pour couvrir les plants de crucifères peut s'avérer une bonne solution afin d'éviter que les femelles y pondent leurs œufs. La piéride du chou a aussi de nombreux ennemis (prédateurs et parasites), qui aident naturellement à diminuer

LEPIDOPTERA

Famille_Pieridae

leur présence au jardin. Les coliades (sous-famille des Coliadinae) font eux aussi partie de la famille des Pieridae. Ils sont d'apparence semblable aux piérides mais de couleur jaune ou orangée (page précédente). Ils ne sont pas un problème au jardin.

Voici un œuf et une chenille de la piéride du chou (*Pieris rapae*). Si vous avez de bons yeux, vous pouvez éliminer les œufs avant leur éclosion. Sinon, vous pouvez essayer de vous débarasser des chenilles. Cependant, elles peuvent être difficiles à détecter sur les plantes, car elles sont de la même couleur que le feuillage.

Cette chrysalide de la piéride du chou était accrochée sur le dessous du couvercle d'un récipient à déchets de jardinage (déchets à composter). Normalement, les chenilles font leur chrysalide sur la plante hôte ou parfois dans les débris à proximité.

La piéride du chou est un papillon blanc de 5 cm d'envergure. On peut le voir voler tout au long de l'été dans les jardins. Elle est particulièrement commune dans les jardins où l'on trouve des crucifères, comme le chou, le radis et le brocoli.

LEPIDOPTERA

Famille_Saturniidae

Saturnies
Giant silkworm moths

Photo : Agriculture et Agroalimentaire Canada

DESCRIPTION

Les saturnies sont de beaux papillons de nuit très colorés. Certaines saturnies peuvent atteindre 15 cm d'envergure. Plusieurs ont des taches en forme d'yeux sur les ailes postérieures. Leur corps est large et velu. Leurs antennes sont souvent larges (surtout chez les mâles) et plumeuses. Les chenilles sont longues et dodues. Elles sont souvent de couleur verte et parsemées de poils ou d'épines ou d'autres projections colorées.

Les saturnies sont des papillons de nuit très impressionnants. Leurs belles couleurs rappellent celles des papillons de jour. On peut cependant les distinguer par leurs antennes qui n'ont pas de renflement aux extrémités comme celles des papillons de jour. Puisque les adultes ont la trompe atrophiée et ne peuvent donc pas se nourrir sur les fleurs, les saturnies ne sont pas très communes dans les jardins. Leur vie est assez courte. Le mâle meurt peu de temps après l'accouplement, alors que la femelle vit quelques jours de plus, le temps de pondre ses œufs. Le plus grand papillon qui pourrait se retrouver au jardin est en fait une saturnie. C'est la saturnie cecropia (*Hyalophora cecropia*), un papillon pouvant atteindre jusqu'à 15 cm d'envergure. Une autre saturnie, qui est tout aussi spectaculaire malgré sa taille un peu plus modeste, est le papillon lune (*Actias luna*). Ce papillon peut atteindre jusqu'à 10,5 cm d'envergure ; il semble cependant encore plus grand à cause de ses ailes postérieures qui se terminent chacune par une longue queue. Ce papillon est très rare dans les jardins. Les chenilles de ces deux papillons se nourrissent de feuilles d'une grande variété d'arbres (pommiers, cerisiers, pruniers, érables, peupliers, frênes, etc.). Ce sont de très grosses chenilles vertes, pouvant atteindre 6 à 8 cm de long à maturité (ci-dessus, la chenille du papillon lune).

LEPIDOPTERA

Famille_Saturniidae

Avec sa forme, sa taille imposante et sa belle couleur, le papillon lune est l'un des papillons les plus spectaculaires de l'Amérique du Nord. Mais vous ne le verrez probablement pas dans votre jardin, à moins que celui-ci soit situé très près d'un milieu boisé, là où il aime vivre, à l'abri de la pollution.

Photo : David Kirschke

La saturnie cecropia (*Hyalophora cecropia*) est le plus gros papillon que vous pourriez apercevoir au jardin. Contrairement au papillon lune, il est beaucoup plus commun en milieu urbain. Vous pourriez l'apercevoir le soir, près des lumières des maisons.

Photo : Steve Walter

LEPIDOPTERA

Famille Sesiidae

Sésies
Clearwing moths

DESCRIPTION

Les sésies ont une envergure de 1,5 à 4,5 cm. Leur corps et leurs ailes sont minces et allongés. Leurs ailes sont souvent en grande partie transparentes (dénuées d'écailles). Plusieurs ont l'abdomen rayé de couleurs vives et contrastantes. Certaines sésies ressemblent grandement à des guêpes. Les chenilles de sésie ont parfois les fausses pattes très réduites. Elles sont souvent de couleur beige.

Photo : Henri Goulet

Ces papillons sont dits «nocturnes» même s'ils volent de jour. Comme les papillons nocturnes, leurs antennes n'ont pas de renflement à leur extrémité. On aperçoit, à l'occasion, les adultes sur les fleurs ou se reposant sur les feuilles des végétaux. Par contre, on les identifie rarement comme des papillons, car leurs ailes sont parfois transparentes et plusieurs espèces ressemblent à des guêpes. Les chenilles de ces papillons peuvent causer des dommages importants, surtout aux arbres et aux arbustes. Elles creusent des galeries dans les racines, tiges ou troncs de plusieurs végétaux. Les femelles des sésies pondent leurs œufs dans les blessures des végétaux ou dans les fentes de l'écorce. On peut parfois apercevoir un trou causé par la larve qui a pénétré l'arbre. Le flétrissement des feuilles au-dessus de ce point d'entrée est aussi un signe de leur présence. Il est recommandé de couper et détruire les branches affectées.

Le perceur du pêcher (*Synanthedon exitiosa*) est une espèce de sésie qui cause des dommages à plusieurs arbres fruitiers, incluant le prunier, l'abricotier et le pêcher.

LEPIDOPTERA

Famille Sphingidae

Sphinx
Sphinx moths

Photo : Henri Goulet

DESCRIPTION

Les sphinx ont le corps robuste et en forme de fuseau. Les ailes antérieures sont longues et minces, les postérieures, beaucoup plus petites. Certains ont les ailes en partie transparentes (dénuées d'écailles). La majorité des sphinx ont une envergure variant entre 4 et 10 cm, mais certains peuvent atteindre 14 cm. Leur trompe est parfois très longue. Les chenilles sont grosses, souvent de couleur verte. Leur corps est lisse et souvent pourvu d'une projection au bout de l'abdomen.

Les sphinx ont parfois une allure bien intéressante. Le célèbre sphinx «tête de mort» (*Acherontia atropos*) a un dessin sur le thorax ressemblant à un crâne humain. Ce sphinx a joué un rôle symbolique dans le film *Le silence des agneaux*, sorti en 1991. On retrouve cette espèce en Afrique et en Europe. D'autres sphinx se distinguent par leur vol très rapide, pouvant atteindre 55 km/heure. Grâce à ce véloce battement d'ailes, certaines espèces peuvent effectuer un vol stationnaire devant les fleurs, tout en les butinant. Le sphinx colibri (*Hemaris thysbe*) en est un exemple ; il est l'un des seuls sphinx qui butinent les fleurs pendant la journée. La plupart des autres sphinx sont nocturnes. Toutefois, ce sont surtout les chenilles de sphinx que l'on aperçoit au jardin. Ces grosses chenilles spectaculaires ont souvent une corne au bout de leur corps. On peut apercevoir la chenille du sphinx de la tomate (*Manduca quinquemaculata*) et celle du sphinx du tabac (*Manduca sexta*) sur les plants de tomates, de patates, d'aubergines, de poivrons et de tabac. Elles dévorent complètement les feuilles et peuvent à l'occasion s'attaquer aux tomates vertes. Malgré leur taille imposante (jusqu'à 10 cm), elles sont très difficiles à voir sur les plants, car leur couleur se marie à merveille avec le feuillage. Si vous réussissez à localiser les chenilles, vous pouvez les détruire. Les jeunes chenilles

LEPIDOPTERA
Famille_Sphingidae

peuvent être écrasées facilement. Cependant, il peut être un peu plus angoissant d'écraser un ver de 10 cm de long. Une autre possibilité serait de le noyer dans de l'eau savonneuse ou de le mettre au congélateur quelques heures. Les sphinx ont plusieurs prédateurs et parasites qui aident à contrôler leur population. Il n'est pas rare d'apercevoir une chenille de sphinx recouverte de plusieurs boules blanches. Ces boules sont en fait des cocons, formés par des petites guêpes parasites qui se sont nourri des organes internes de la chenille (voir p. 183). Les chenilles parasitées ne devraient pas être tuées par les jardiniers, car les petites guêpes émergentes iront parasiter d'autres chenilles. Les chenilles parasitées ne se transformeront jamais en papillons, elles mourront bien avant.

Les chenilles du sphinx de la tomate et du sphinx du tabac sont difficiles à voir sur les plantes. On peut toutefois apercevoir certains signes de leur présence. Il peut s'agir de feuilles dévorées ou de gros excréments sur le parterre en dessous des plants, ou directement sur les feuilles.

Cette chenille peut atteindre une longueur de 10 cm. C'est la chenille du sphinx de la tomate. Elle dévore les feuilles de plants de tomates et peut parfois s'attaquer aux fruits encore verts. On peut à l'occasion l'apercevoir sur les plants de patates, d'aubergines, de poivrons ou de tabac.

LEPIDOPTERA

Famille_Sphingidae

Le sphinx de la tomate (*Manduca quinquemaculata*) est un gros papillon d'environ 11 cm d'envergure. On le voit rarement car il vole au crépuscule. Comme plusieurs autres sphinx, il a une très longue trompe (plus de 10 cm) qui lui permet d'aspirer le nectar d'une grande variété de fleurs, même celles à longues corolles. Remarquez le dessin de tête de chien (aux oreilles pendantes) sur le thorax de ce papillon. Nous n'avons peut-être pas le sphinx « tête de mort » (*Acherontia atropos*) en Amérique du Nord, mais nous pouvons nous vanter d'avoir un sphinx « tête de chien ».

Certains sphinx, comme le sphinx colibri (*Hemaris thysbe*), butinent les fleurs pendant la journée. Celui-ci effectue un vol stationnaire devant les fleurs tout en butinant, à la façon d'un colibri.

Photo : Henri Goulet

HYMÉNOPTERA

DESCRIPTION

Les hyménoptères ont deux paires d'ailes membraneuses (excepté les fourmis ouvrières qui n'ont pas d'ailes), de longues antennes, des pièces buccales de type broyeur ou broyeur-lécheur. Leur couleur est très variable. La majorité des hyménoptères ont une « taille de guêpe » (sous-ordre Apocrita), alors que quelques autres, appelés porte-scie (ou mouches à scie), n'ont pas cette taille étroite, leur abdomen étant largement uni au thorax (sous-ordre Symphyta). Les femelles hyménoptères ont un ovipositeur (organe de ponte) bien développé. Celui-ci est parfois modifié en organe de défense. Les larves de la majorité des hyménoptères sont apodes (sans pattes), mais, les larves des porte-scie ont généralement des pattes ; elles ressemblent à des chenilles de papillons.

Ordre_HYMENOPTERA

Porte-scie, Abeilles, Guêpes, Fourmis
(Sawflies, Bees, Wasps, Ants)
Métamorphose complète

LES HYMÉNOPTÈRES MÉRITENT QU'ON LEUR MONTRE UN PEU PLUS DE CONSIDÉRATION. Ces insectes ont mauvaise réputation auprès du public. Pourtant, cet ordre d'insectes est le plus important pour le bénéfice des hommes.

Les abeilles travaillent très fort pour récolter le pollen des fleurs qu'elles rapportent ensuite au nid. En visitant ainsi les fleurs, elles assurent leur pollinisation. Sans les abeilles, plusieurs plantes, complètement dépendantes des insectes pour leur pollinisation, ne pourraient produire de graines. Il n'y aurait donc pas (ou très peu) de pommes, poires, prunes, noix, fraises, melons, concombres, courges, choux, oignons, carottes, etc. Les abeilles ne sont pas les seuls insectes pollinisateurs, mais elles sont de loin les plus importantes.

Les guêpes, pour leur part, sont très utiles au jardinier. La majorité chassent une grande variété d'insectes, incluant chenilles et sauterelles, pour les offrir en repas à leur progéniture ou aux larves de la colonie. De plus, plusieurs guêpes sont des insectes parasitoïdes. C'est-à-dire que les larves se développent en se nourrissant de leur hôte, causant ultimement leur mort. Ces guêpes parasitoïdes sont très importantes dans le contrôle d'insectes nuisibles.

Les porte-scie (Tenthredinidae, Cimbicidae, etc.) représentent une très faible proportion des hyménoptères. Ils se nourrissent de végétaux et peuvent occasionner des dommages. Cependant, la mauvaise réputation des hyménoptères est plutôt attribuable à leur aiguillon. Cet aiguillon est en fait un ovipositeur (organe de ponte), parfois transformé en arme venimeuse. Ce ne sont donc que les femelles qui possèdent un aiguillon. Les abeilles et les guêpes sociales l'utilisent principalement pour défendre la colonie lorsqu'elle est en danger, alors que les guêpes solitaires l'utilisent principalement pour paralyser une proie. Les gens subissent généralement des piqûres lorsqu'ils heurtent un nid par accident (en mettant le pied dessus par exemple) ou lorsque le nid est volontairement attaqué. Et si une guêpe ou une abeille se sent coincée (dans un vêtement par exemple), elle utilisera son dard pour se défendre. Les abeilles, les bourdons et les guêpes butinant les fleurs dans le jardin ne sont pas une menace pour le jardinier. Si vous ne vous souciez pas d'elles, elles ne se soucieront pas de vous.

HYMENOPTERA

Superfamille Apoidea

Abeilles, Bourdons *
Bees and bumble bees

DESCRIPTION

Les plus petites abeilles mesurent environ 5 mm, les abeilles domestiques, environ 12 mm, et les bourdons peuvent atteindre 25 mm. Les abeilles sont parfois jaunes et noires, ou complètement noires, mais certaines sont brillamment colorées de vert ou de bleu métallique. Tous les bourdons et la plupart des abeilles sont velus. Elles font partie du sous-ordre Apocrita (p. 172), même si leur « taille de guêpe » n'est pas très prononcée. Leurs pièces buccales sont de type broyeur-lécheur.

Les abeilles et les bourdons sont parmi les insectes les plus communs au jardin. Ils visitent vos fleurs pour recueillir le nectar et le pollen. Ce dernier est récolté principalement pour nourrir les larves. Les abeilles pollinisent la plupart des plantes cultivées (p. 173), mais elles sont aussi très importantes pour la pollinisation des plantes sauvages et ornementales. On connaît particulièrement bien les bourdons (plusieurs espèces) et l'abeille domestique (*Apis mellifera*), qui sont des hyménoptères de la famille Apidae. L'abeille domestique est de loin la plus populaire des abeilles. Cette espèce a été importée d'Europe. Elle a été domestiquée par l'homme depuis des milliers d'années. Certains producteurs installent des ruches dans les champs cultivés ou les vergers pour améliorer la pollinisation de leurs fleurs et ainsi améliorer leur rendement. Ces abeilles sont très communes dans les jardins. Si une abeille y trouve des fleurs particulièrement intéressantes (pour la qualité du nectar et du pollen), elle répandra alors la bonne nouvelle aux autres abeilles de la ruche qui viendront

---

* On appelle parfois erronément les bourdons «taons». Cependant, ce nom porte à confusion car en Europe il n'est utilisé que pour désigner les mouches de la famille Tabanidae : celles qu'on appelle communément dans nos régions «mouches à chevreuil» ou «mouches à cheval».

HYMENOPTERA
Superfamille_Apoidea

à leur tour visiter votre jardin. Lorsqu'elles sont au jardin, ces abeilles ne sont pas du tout agressives. Il existe plusieurs autres types d'abeilles appartenant à diverses familles (ex. : Halictidae, Andrenidae, Megachilidae [p. 185], etc.). Elles sont beaucoup moins bien connues des jardiniers. Ces autres abeilles sont solitaires. Elles ne sont pas agressives et ne piquent que très rarement. Les abeilles solitaires sont elles aussi très importantes pour la pollinisation des végétaux. Leur importance pourrait être plus appréciée au cours des prochaines années, étant donné le malheur qui s'abat sur les abeilles domestiques : un acarien parasite (*Varroa jacobsoni*) est en train de décimer leurs populations en s'attaquant aux larves et aux nymphes.

Il existe une grande diversité d'abeilles. Certaines sont grosses et poilues, alors que d'autres sont toutes petites au corps plutôt lisse. Elles ont toutes un unique but : récolter le nectar et le pollen des fleurs.

L'abeille domestique est la plus connue des abeilles. Elle vit en colonie, là où il y a répartition des tâches. Les ouvrières passent beaucoup de temps à aspirer le nectar et à récolter le pollen des fleurs qu'elles rapportent ensuite à la colonie. Ces abeilles sont très nombreuses et extrêmement importantes dans la pollinisation des plantes cultivées, sauvages ou ornementales.

HYMENOPTERA
Superfamille_Apoidea

Photo : Henri Goulet

Les abeilles et les bourdons ont des poils ou des structures spécialisés sur leur corps (habituellement sur les pattes arrière) pour récolter une grande quantité de pollen. On peut facilement apercevoir le pollen compacté sur les pattes arrière de ces insectes. Le pollen est souvent de couleur jaune, mais il peut être blanc, orangé ou brun, selon l'espèce de plante visitée.

Les abeilles solitaires ne vivent pas en colonie, mais peuvent s'installer en communauté et nicher l'une près de l'autre. Elles construisent leurs petits nids dans le sol ou parfois dans le bois. Plusieurs de ces petites abeilles solitaires de couleur vert métallique ont élu domicile dans le jardin de mes parents. De nouvelles abeilles viennent s'y installer chaque été. Ces abeilles ne sont pas du tout agressives. À présent, elles font un peu partie de la famille !

HYMENOPTERA

Superfamille_Apoidea

Cette petite abeille solitaire a été sauvée de la noyade. Elle semblait quelque peu désorientée et semblait même vouloir butiner une serviette... Bien que ces abeilles ne soient pas agressives, si vous en sauvez une de la noyade, il serait préférable d'utiliser une feuille ou un autre objet, car vous pourriez être offusqué d'en être remercié par une petite piqûre.

Les abeilles solitaires sont elles aussi très importantes dans la pollinisation des fleurs. Elles sont parfois très nombreuses dans les jardins. Leur présence est une bonne chose.

HYMENOPTERA
Famille Formicidae

Fourmis
Ants

DESCRIPTION

Les fourmis ouvrières n'ont pas d'ailes tandis que les futures reines et les mâles en ont deux paires. Les fourmis ont les antennes coudées et les pièces buccales de type broyeur. Elles sont de couleur noire, brune, rouge ou jaune. Leur grosseur varie de 1 mm à près de 2 cm (reine de la fourmi charpentière). Certaines espèces ont un aiguillon au bout de l'abdomen.

Les fourmis sont de loin les insectes les plus communs des jardins. En fait, ce sont les insectes les plus abondants sur la terre. Il y en a des milliards et elles sont partout. Les fourmis sont des hyménoptères sociaux. Elles vivent en colonies (appelées fourmilières) formées de centaines, voire de milliers d'individus. Elles sont omnivores et peuvent être considérées comme utiles en tant que prédatrices de nombreux insectes de jardin. Elles mangent les œufs et les larves de plusieurs insectes, incluant ceux du hanneton (p. 122). Les fourmis peuvent de plus aérer le sol, nettoyer le jardin et accélérer le processus de décomposition des matières organiques. Cependant, les fourmis peuvent devenir une nuisance lorsqu'elles envahissent les structures de bois des maisons (fourmis charpentières), forment de gros monticules de sable dans le gazon et de petits «cratères» entre les dalles du patio, ou lorsqu'elles entrent dans les maisons. Étant donné la diversité et l'abondance des fourmis, il est impossible de les éliminer du jardin. Pour réussir à détruire une colonie, il faut se débarrasser de la reine, sinon elle continuera à pondre d'autres œufs et la colonie s'agrandira. Une fois la colonie détruite, cela ne règle le problème que temporairement, jusqu'à ce qu'une autre colonie s'installe. On peut cependant régler le problème temporairement en ébouillantant (parfois

HYMENOPTERA
Famille_Formicidae

à plus d'une reprise) les colonies qui sont problématiques. On peut également utiliser des pièges d'acide borique (ou borax). Les fourmis rapportent des aliments au nid pour nourrir la reine, les larves et les autres ouvrières. Si elles rapportent le mélange d'acide borique, cela tuera ultimement toute la colonie (mais cela pourrait prendre jusqu'à un mois). Si la concentration d'acide borique est trop élevée, les fourmis mourront avant d'avoir rapporté la nourriture au nid, il faut donc utiliser une juste concentration. Il faut toutefois se rappeler que les fourmis des jardins ne causent généralement pas de grands dommages. Dans la mesure du possible, il est préférable d'apprendre à vivre en harmonie avec elles.

Les fourmis subissent une métamorphose complète. Elles doivent donc passer par les stades d'œuf, de larve, de nymphe (ou pupe), avant de se métamorphoser en fourmi adulte. Ces petites fourmis rouges du genre *Lasius* sont très communes sous les roches ou les pots de fleurs de jardin. Lorsque les colonies sont mises à découvert, les ouvrières s'empressent de déplacer les larves (ci-dessus) et les nymphes (enveloppées dans un cocon) (à droite) à l'abri.

HYMENOPTERA
Famille_Formicidae

Certaines fourmis construisent leur nid dans la pelouse, ce qui peut détruire le gazon localement. Les fourmis n'aiment pas s'installer dans un sol humide. L'ajout régulier de compost pourrait donc les inciter à aller s'installer ailleurs.

Si vous apercevez une grosse fourmi noire ailée rôder près des structures en bois de votre maison, il vaut mieux l'écraser, car il pourrait s'agir d'une reine de fourmi charpentière (*Camponotus pennsylvanicus* est la plus commune). Elle est probablement à la recherche d'un lieu favorable pour fonder sa colonie. Ces grosses fourmis noires creusent des galeries dans le bois (mais ne s'en nourrissent pas) pour y faire leur nid. Elles s'installent normalement dans les arbres morts ou les souches pourries. Elles peuvent à l'occasion s'attaquer au bois en mauvais état ou en décomposition des maisons. On les rentre parfois malencontreusement dans les maisons avec le bois de chauffage.

Les fourmis sur les fleurs ne causent généralement aucun dommage. Elles se nourrissent habituellement du pollen ou du nectar de la fleur. Les fourmis sur les pivoines se nourrissent d'un suc produit par la pivoine avant la floraison. La présence des fourmis ne leur est pas dommageable.

HYMENOPTERA

Famille_Formicidae

Les fourmis protègent les pucerons en échange du liquide sucré (miellat) qu'ils sécrètent. Les fourmis ne causent pas de dommage direct à la plante, mais en protégeant les pucerons, elles favorisent l'accroissement de leur population. Vous pouvez placer des bandes collantes (que vous faites vous-même ou que vous vous procurez en magasin) au bas des tiges pour éviter que les fourmis grimpent afin de protéger les pucerons.

En plus de leur utilité au jardin en tant que prédatrices d'une variété d'insectes, les fourmis peuvent nettoyer le jardin en ramassant les insectes morts, les graines, certains déchets, etc. Cette fourmi transporte une abeille morte.

Photo : Henri Goulet

HYMENOPTERA

Superfamille Ichneumonidea

Ichneumonides et Braconides (Guêpes parasites)
Ichneumonids and Braconids (Parasitic wasps)

DESCRIPTION

Ces guêpes parasites sont souvent de couleur noire, mais parfois vivement colorées de rouge, jaune ou orangé. Les femelles ont parfois un long ovipositeur (organe de ponte) au bout de l'abdomen. La taille de ces insectes est très variable. Certains braconides mesurent à peine quelques millimètres, alors que les plus grands ichneumonides de nos régions peuvent atteindre 4 cm de long (sans inclure l'ovipositeur qui fait parfois deux fois cette taille). Elles ont toutes de longues antennes, composées de plus de 15 segments.

Ces guêpes sont très bénéfiques au jardin car elles s'attaquent à une grande variété d'insectes. Ce sont des guêpes parasites (plus précisément parasitoïdes) qui, au stade larvaire, se développent généralement à l'intérieur des insectes. Les femelles sont dotées d'un ovipositeur parfois aussi long ou plus long que leur corps. Cet ovipositeur, quoique parfois impressionnant, est dans la plupart des cas inoffensif pour nous. Les ichneumonides et les braconides pondent habituellement leurs œufs à l'intérieur de leurs hôtes. Il existe de très petites guêpes parasites de la famille des Braconidae qui mesurent à peine quelques millimètres. Certaines de ces petites guêpes sont des parasites de pucerons. D'autres se développent à l'intérieur du corps des chenilles. Dans ce dernier cas, plusieurs petites guêpes peuvent se développer dans la même chenille. Ces familles de guêpes contiennent un très grand nombre d'espèces. En fait, elles sont parmi les plus diversifiées de tous les insectes avec environ 2000 espèces de Braconidae et plus de 3000 espèces d'Ichneumonidae en Amérique du Nord.

HYMENOPTERA

Superfamille_Ichneumonidea

Ces toutes petites guêpes de la famille des Braconidae sont des parasites d'insectes. Quelques espèces de braconides se développent à l'intérieur des pucerons. Ces guêpes sont très utiles pour le contrôle des insectes nuisibles.

Sur cette photo, une chenille de sphinx (p. 169) a été parasitée par des guêpes braconides. Des petites larves se sont nourri des organes internes de cette chenille. Lorsqu'elles ont atteint la maturité, elles ont formé des cocons à la surface de son corps. De petites guêpes braconides en sortiront et iront à leur tour pondre leurs œufs sur d'autres chenilles.

Photo : Steve Marshall

Cette ichneumonide (*Thyreodon atricolor*) est une très belle imitation de guêpe pompile (p. 188). Elle est un parasite des chenilles de sphinx (p. 169).

HYMENOPTERA

Superfamille_Ichneumonidea

Les ichneumonides se reconnaissent à leurs longues antennes, leur corps mince et allongé et, parfois, un long ovipositeur (organe de ponte, présent chez les femelles seulement). L'ichneumonide ci-contre est un mâle, il n'a pas d'ovipositeur.

Les rhysses ont parfois l'ovipositeur qui fait deux fois la longueur de leur corps. Celui-ci est utilisé pour pondre à l'intérieur des troncs d'arbres infestés par des larves de Siricidae (p. 194). À l'éclosion, la larve de la rhysse pourra se nourrir d'une larve de Siricidae. Les rhysses sont rarement aperçues dans les jardins. Toutefois, si vous habitez près d'un boisé, vous aurez peut-être la chance d'en apercevoir une.

Photo : Henri Goulet

HYMENOPTERA

Superfamille_Apoidea
Famille_Megachilidae

Abeilles découpeuses
Leafcutter bees

DESCRIPTION

Les mégachiles (ou abeilles découpeuses) sont de couleur jaune et noire, ou parfois presque complètement brunes ou noires. Ce sont des abeilles au corps trapu, qui mesurent généralement entre 1 et 2 cm. Comme les autres abeilles, leurs pièces buccales sont de type broyeur-lécheur.

Les abeilles découpeuses sont des abeilles solitaires faisant partie de la même superfamille que les autres abeilles (p. 174). Ces abeilles solitaires découpent des demi-cercles sur les rebords des feuilles (ou parfois des pétales de fleurs) de plusieurs variétés de plantes. Elles ne découpent pas les feuilles pour les manger, mais plutôt pour tapisser leurs petites cellules utilisées pour le développement de leurs larves. Certaines mégachiles ne découpent pas les feuilles mais utilisent plutôt d'autres substances, comme les poils ou le duvet des plantes ou parfois de la terre, pour le revêtement de leurs cellules. Ces petites cellules sont habituellement construites dans le bois mort ou pourri, dans le sol ou d'autres cavités. Ces abeilles sont très intéressantes à regarder travailler. Lorsqu'une abeille découpe une feuille, on peut parfois l'entendre «croquer», surtout si la feuille qu'elle découpe est plutôt robuste. Ces abeilles sont importantes pour la pollinisation des fleurs, car comme les autres abeilles, elles les visitent régulièrement pour en récolter le pollen qui alimentera les larves. Contrairement à la plupart des

HYMENOPTERA

Famille_Megachilidae

abeilles qui récoltent le pollen sur leurs pattes arrière, les mégachiles récoltent le pollen sur une brosse de poils située sous l'abdomen. On peut facilement reconnaître ces abeilles lorsque leur abdomen est bien recouvert de pollen jaune. Ces abeilles ne sont pas agressives. Elles ne piquent que si elles y sont forcées ; lorsqu'elles se sentent coincées par exemple.

Contrairement aux autres abeilles, qui récoltent habituellement le pollen sur leurs pattes arrière, les abeilles découpeuses, elles, le récoltent sous leur abdomen. On les reconnaît facilement lorsque leur abdomen est bien chargé de pollen jaune ou orangé.

HYMENOPTERA

Famille_Megachilidae

Photo : Henri Goulet

Les mégachiles découpent des demi-cercles sur les rebords des feuilles avec leurs mandibules. On les appelle « abeilles découpeuses ». Elles ne mangent pas ces bouts de feuilles, elles les rapportent à leur nid pour tapisser les cellules utilisées pour le développement de leur progéniture. Malgré les découpures, qui sont parfois considérées comme inesthétiques, les plantes n'en sont généralement pas affectées. Ces abeilles sont bénéfiques dans les jardins car elles visitent régulièrement les fleurs et assurent leur pollinisation.

Cette espèce européenne de mégachile (*Anthidium manicatum*) a été recensée pour la première fois en Amérique du Nord (dans l'État de New York) dans les années 60. Au Canada, on la retrouve maintenant en Ontario, au Québec et en Nouvelle-Écosse. Contrairement à la plupart des mégachiles qui grugent des morceaux de feuilles pour tapisser les cellules de leur nid, ces abeilles préfèrent utiliser un recouvrement plus soyeux. Elles grattent les poils ou le duvet des végétaux pour en faire des boules qu'elles rapporteront au nid. On l'appelle communément l'abeille cotonnière.

HYMENOPTERA

Familles Sphecidae et Pompilidae

Guêpes fouisseuses et Pompiles
Digger wasps et Spider wasps

DESCRIPTION

Certaines de ces guêpes ont le corps allongé et très élancé, alors que d'autres sont plus trapues. Elles mesurent généralement entre 1 et 3 cm. Elles sont parfois noires et jaunes (ou orangées), toutes noires ou bleu métallique. Elles ont parfois une « taille de guêpe » très allongée. Leurs antennes sont longues et leurs pièces buccales sont de type broyeur. Leurs pattes sont souvent longues, surtout celles d'en arrière.

Les Sphecidae et les Pompilidae sont des guêpes solitaires au mode de vie très similaire. Tout comme les guêpes sociales de la famille des Vespidae, les guêpes Sphecidae et Pompilidae sont des prédatrices. Les femelles chassent des insectes (ou des araignées) dans le but de nourrir leur progéniture. Les adultes se nourrissent surtout de nectar. Certaines sont généralistes et se contentent de divers arthropodes qu'elles peuvent trouver (araignées, chenilles, mouches, sauterelles), alors que d'autres sont plus spécifiques dans leur choix de proies. Ainsi le grand sphex doré (*Sphex ichneumoneus*) ne chasse que de grosses sauterelles vertes. Les membres de la famille des Pompilidae, pour leur part, n'attaquent que les araignées. Lorsqu'une proie est capturée, elle est paralysée à l'aide de l'aiguillon de la femelle guêpe (Pompilidae ou Sphecidae). La guêpe place ensuite sa victime dans une cellule préalablement construite (dans la terre, le bois mort ou sur une paroi quelconque). Elle pond un œuf dessus et referme ensuite la cellule. Les autres cellules seront remplies de la même façon et un œuf sera pondu dans chaque cellule. À leur éclosion, les larves pourront se nourrir de la proie (insecte ou araignée) paralysée que leur mère leur a laissée. Ces proies, toujours bien vivantes, constituent un repas frais et nutritif pour ces futures guêpes.

HYMENOPTERA

Familles_Sphecidae et Pompilidae

Les guêpes fouisseuses (Sphecidae) sont des guêpes prédatrices qui chassent les insectes ou les araignées pour nourrir leur progéniture. Les petites espèces attrapent généralement de petites proies comme des mouches, des pucerons ou des cercopes (à gauche), alors que les plus grosses attrapent des proies aussi grandes que des cigales, des chenilles dodues ou de grosses sauterelles vertes (ci-dessous).

Sceliphron caementarium (à gauche) et *Chalybion californicum* (à droite) sont deux espèces très communes de Sphecidae. Tout comme les Pompilidae, ces guêpes sont des prédatrices d'araignées. On les voit souvent rôder autour des toiles d'araignées à la recherche d'une proie. Elles construisent les cellules de leur nid avec un mélange de boue et de salive. Le nid est fixé sur les murs ensoleillés des vieilles maisons, sur les tiges des plantes ou sur d'autres parois.

HYMENOPTERA

Familles_Sphecidae et Pompilidae

Les pompiles sont de couleur noire, souvent avec les ailes nébuleuses noires. Ces guêpes sont des prédatrices d'araignées. On les voit souvent se promener sur les fleurs, sur la végétation, entre les toiles d'araignées ou sur le sol. Elles bougent nerveusement leurs antennes et leurs ailes lorsqu'elles se promènent. Elles ne sont pas agressives mais leur piqûre a la réputation d'être très douloureuse.

Malgré l'apparence féroce de ces grosses guêpes (Sphecidae), elle ne sont pas agressives et ne piquent que très rarement. De plus, leur piqûre n'est apparemment pas très douloureuse. L'auteur de la photo ci-dessus semblait bien en être convaincu, car il n'hésite pas à prendre les Sphecidae sur sa main. Par contre, je n'en ferais peut-être pas autant...

HYMENOPTERA — Sous-ordre : SYMPHYTA

Familles_Tenthredinidae et autres

Porte-scie, Siricidés, etc.
Sawflies, Horntails, etc.

DESCRIPTION

Les symphytes (porte-scie et autres) ont le corps robuste, sans constriction (« taille de guêpe »). Au repos, elles tiennent leurs ailes à plat sur leur corps. Certaines espèces sont complètement noires, alors que d'autres sont vivement colorées de rouge, d'orangé ou de jaune. Leurs antennes peuvent être en forme de fil, pectinées (comme un peigne) ou se terminant en forme de massue. La plupart des larves ressemblent à des chenilles : elles ont trois paires de pattes thoraciques et plusieurs (au moins six) paires de fausses pattes.

On appelle la plupart des membres du sous-ordre Symphyta porte-scie ou mouches à scie. Cependant, ce dernier nom porte à confusion car ces insectes ne sont pas des mouches. Les porte-scie ont un ovipositeur denté (d'où la comparaison avec une scie), permettant de faire des entailles dans les végétaux pour y déposer leurs œufs. Ces hyménoptères sont tous phytophages et certains sont d'importants ravageurs de végétaux. Il existe plusieurs familles de symphytes : Cimbicidae, Tenthredinidae, Argidae, Diprionidae et Siricidae en sont des exemples. Les dommages causés par les membres de ces familles sont variables. Certains se nourrissent sur les feuilles de diverses plantes (ex. : tenthrède-limace du rosier ou tenthrède de l'ancolie) et d'arbres (tenthrède de l'orme), alors que d'autres s'attaquent aux aiguilles des conifères (ex. : plusieurs espèces du genre *Neodiprion*). Il y en a qui creusent des galeries dans le bois (ex. : le tremex), alors que d'autres creusent des galeries dans les feuilles (ex. : la mineuse serpentine du tremble). Au jardin, ces insectes font des dommages surtout en se nourrissant de feuilles de plantes ornementales. Si vous remarquez des signes d'infestation (feuilles trouées ou partiellement dévorées), inspectez attentivement les feuilles, sans oublier le dessous, et détruisez toutes

HYMENOPTERA — Sous-ordre_SYMPHYTA
Familles_Tenthredinidae et autres

les larves (qui ressemblent souvent à des chenilles) que vous trouverez. Un jet d'eau puissant peut également être utilisé pour déloger les larves. Si malgré tout vous ne parvenez pas à vous débarrasser de ces larves, vous pouvez asperger d'un savon insecticide les deux côtés des feuilles.

Les porte-scie ont un ovipositeur (organe de ponte) leur permettant de faire des entailles dans les tiges des plantes et d'y déposer leurs œufs. Plusieurs espèces sont des ravageuses de rosiers. Lorsque vous apercevez ces entailles (cicatrices accompagnées d'une décoloration brunâtre de la tige) sur les tiges des rosiers, il est recommandé de couper et de détruire la tige pour se débarrasser des œufs.

Quelques semaines après qu'une femelle d'*Arge ochropa* (famille Argidae) ait pondu ses œufs dans la tige d'une plante, les petites larves font leur apparition et commencent à se nourrir des feuilles. Ces larves grandissent vite et peuvent atteindre environ 2 cm à maturité. Ses couleurs vives constituent probablement un avertissement de son mauvais goût. Le bout de l'abdomen de ces larves a l'apparence d'une tête de serpent. Lorsqu'elles se sentent menacées, elles bougent cette fausse tête de serpent pour éloigner les prédateurs. Cette espèce a été introduite d'Europe.

HYMENOPTERA — Sous-ordre_SYMPHYTA

Familles_Tenthredinidae et autres

Les larves de la tenthrède-limace du rosier (*Endelomyia aethiops*) sont difficiles à détecter, car elles sont souvent cachées sous les feuilles et leur couleur est très similaire à celle du feuillage. Par chance, leur tête orangée les rend un peu plus visibles. Ces larves ont les pattes très réduites et ressemblent à de petites limaces vertes. Elles atteignent un peu plus de 1 cm lorsqu'elles sont à maturité.

Si vous ne voulez pas que votre rosier ait l'air de ceci, il faut détecter la présence des larves des porte-scie et les enlever avant qu'elles dévorent toutes vos feuilles.

HYMENOPTERA — Sous-ordre_SYMPHYTA
Familles_Tenthredinidae et autres

Sans cette étiquette, on ne pourrait deviner qu'il y avait un plant d'ancolies à cet endroit. Il n'en restait que les tiges, avec quelques larves affamées de la tenthrède de l'ancolie (*Pristiphora aquilegiae*).

Le tremex (*Tremex columba*), de la famille des Siricidae, pond ses œufs dans les troncs d'arbres à l'aide de son ovipositeur qui agit comme une perceuse. Les larves se développeront en se nourrissant du bois à l'intérieur de l'arbre. Malgré sa grosseur impressionnante et sa couleur de guêpe, le tremex est inoffensif.

Les cimbicides ont des antennes se terminant en forme de massue. Les larves de ces insectes se nourrissent de feuilles d'arbres et d'arbustes. L'espèce ci-contre (*Zaeraea fasciata*) se nourrit de chèvrefeuille.

HYMENOPTERA

Famille_Vespidae

Vespidés, Guêpes sociales, Guêpes à papier
Yellow jackets, hornets, Paper wasps

DESCRIPTION

Ces guêpes mesurent de 1 à 2,5 cm de long. Elles sont de couleur jaune et noire, blanche et noire, ou parfois marron avec des lignes jaunes. Leur « taille de guêpe » est bien prononcée. Elles ont de grands yeux, des pièces buccales de type broyeur-lécheur très puissantes et des antennes coudées. Leurs ailes sont repliées longitudinalement sur elles-mêmes et sont tenues sur les côtés de leur corps lorsqu'elles sont au repos. Les femelles ont un ovipositeur modifié en aiguillon venimeux.

Ces guêpes sont très communes dans les jardins mais sont rarement les bienvenues. Pourtant ce sont des prédatrices, s'attaquant à une grande variété d'insectes. Ces proies ne sont pas utilisées pour leur consommation personnelle mais pour alimenter les larves présentes dans leur nid. Les adultes se nourrissent d'aliments sucrés (nectar, jus des fruit très mûrs, etc.). Les guêpes les mieux connues de la famille des Vespidae sont les guêpes sociales. C'est en fin d'été et à l'automne que l'on remarque davantage ces guêpes, car les colonies sont devenues très grosses. À ce moment, elles commencent à visiter régulièrement les poubelles et à chercher la nourriture dans nos assiettes. Elles deviennent particulièrement dérangeantes lors d'activités extérieures (comme les épluchettes de blé d'Inde!). C'est aussi plus tard dans la saison qu'on remarque les nids, lorsqu'ils sont très gros. Elles vivent dans des nids de papier, construits de bois mâché, mélangé à leur salive. Le nid est établi au printemps par la reine fertilisée qui a passé l'hiver à l'abri. Ces guêpes peuvent piquer lorsque leur nid est attaqué. Cela peut parfois arriver accidentellement (si l'on

HYMENOPTERA
Famille_Vespidae

met le pied dessus par exemple, ou lorsqu'un ballon tombe sur un nid dans un arbuste). Si l'on aperçoit une reine commençant la construction d'un nid à un endroit inapproprié, on peut immédiatement le détruire pour qu'elle aille s'installer ailleurs. Lorsque le nid est plus gros et que plusieurs guêpes semblent l'habiter, il est souvent préférable de le laisser à cet emplacement, si bien sûr vous pouvez le tolérer. Les guêpes ne seront pas agressives envers vous si vous les laissez tranquilles. Elles mourront à l'automne. Une seule reine survivra et ira s'abriter ailleurs pour l'hiver. De plus, le nid ne sera pas réutilisé l'année suivante. Pour éviter la présence excessive de ces guêpes vers la fin de l'été, il faut s'assurer de bien fermer les poubelles extérieures et de ne pas laisser inutilement de substances ou de boissons sucrés à leur portée. La présence de ces guêpes au jardin n'est pas une mauvaise chose. À la place de fuir craintivement à la vue de celles-ci, prenez plutôt le temps d'en observer une dévorer les chenilles qui s'attaquaient à votre rosier.

Les guêpes vespidés passent la majeure partie de leur temps à chasser des insectes pour nourrir les larves de leur nid. Cependant elles peuvent à l'occasion prendre une pause pour faire le plein d'énergie en s'abreuvant de nectar ou d'autres aliments sucrés, comme c'est le cas de cette guêpe à taches blanches (Dolichovespula maculata).

Cette guêpe a été photographiée lors d'une journée froide de la mi-octobre. C'est une reine. Elle cherchait un endroit à l'abri pour y passer l'hiver. Toutes les guêpes ouvrières meurent à l'automne. Il n'y a que les nouvelles reines fécondées qui survivent à l'hiver. Celles-ci pourront fonder de nouvelles colonies au printemps.

HYMENOPTERA

Famille_Vespidae

Les guêpes qu'on appelle « guêpes à papier » appartiennent au genre *Polistes*. Elles ont le corps élancé et sont habituellement de couleur marron ou brune, avec l'abdomen rayé de jaune. Comme les autres vespidés, ces guêpes chassent les insectes pour nourrir les larves de leur nid. On les voit souvent se promener sur les feuilles trouées à la recherche du responsable de ces trous. Cette guêpe à papier a trouvé une petite chenille verte qu'elle rapportera au nid.

Les guêpes des genres *Dolichovespula* et *Vespula* construisent de gros nids enveloppés de plusieurs couches de papier. Les nids des guêpes *Dolichovespula* sont aériens, ils sont souvent suspendus entre les branches d'arbres ou d'arbustes, ou parfois aux structures des maisons. Ceux des guêpes *Vespula* sont habituellement souterrains (souvent construits dans un terrier abandonné). Les guêpes du genre *Polistes* construisent de petits nids de papier en forme de parasol (non illustré). Ces nids ne sont pas enveloppés de couches de papier.

ARANEAE

DESCRIPTION

Le corps des araignées est divisé en deux parties : le céphalothorax (tête et thorax soudés ensemble) et l'abdomen. Leurs yeux, leurs pièces buccales et leurs pattes sont situés sur le céphalothorax. Toutes les araignées ont huit pattes. Elles possèdent habituellement huit ocelles (yeux simples). Leurs pièces buccales sont formées, entre autres, de chélicères, des petits crochets venimeux. Derrière ceux-ci se trouve une paire de pédipalpes, utilisés pour manipuler les proies. Ceux-ci sont modifiés en organe copulateur chez les mâles. Les fils de soie sortent par les filières, situées au bout de leur abdomen. Les « bébés » araignées ressemblent aux adultes, excepté leur petite taille.

Classe_ARACHNIDES
Ordre_ARANEAE

Araignées
(Spiders)

LES ARAIGNÉES NE SONT PAS DES INSECTES, CE SONT DES ARACHNIDES. Elles se distinguent des insectes par plusieurs caractères, dont le nombre de pattes et la division de leur corps. Les araignées sont extrêmement communes au jardin et leur présence est très bénéfique. Elles sont toutes des prédatrices, pouvant consommer de grandes quantités d'insectes au jardin, incluant plusieurs insectes nuisibles. Certaines araignées chassent activement leurs proies, alors que d'autres les chassent passivement en construisant des toiles pour les piéger. Lorsqu'elle attrape une victime, l'araignée insère ses crocs (chélicères) dans son corps pour lui injecter un venin paralysant. Étant donné qu'elle ne peut se nourrir de matières solides, elle doit ensuite liquéfier l'intérieur du corps de sa victime à l'aide d'enzymes. Une fois la victime ainsi digérée, l'araignée peut ingérer son contenu. Toutes les araignées sont venimeuses. Bien que ce venin puisse paralyser un insecte, celui-ci est presque toujours sans conséquence grave sur les humains (pour la majorité des espèces de l'Amérique du Nord). Les araignées ne sont pas agressives et ne mordent les humains que très rarement. Elles préfèrent fuir en cas de danger. De plus, les chélicères d'un grand nombre d'araignées sont trop petits et trop faibles pour pouvoir percer notre peau. Les gens parlent souvent de «piqûre» d'araignée, mais les araignées ne piquent pas. Un point rouge sur la peau n'est pas causé par une araignée. Une morsure d'araignée se remarque à la présence de deux petits trous, laissés par ses chélicères. Les morsures d'araignée ne se produisent que très rarement, il faut donc arrêter de les blâmer pour toutes nos petites irritations de la peau. Les gens devraient accepter autant que possible les araignées dans les jardins et les laisser contrôler tout naturellement les populations d'insectes qui y sont présentes.

Ces arachnides aux très longues et fines pattes, que l'on rencontre très souvent dans les jardins, ne sont pas des araignées. Elles font partie d'un autre ordre (Opiliones). On les nomme «opilions» ou «faucheux». Leur corps est composé d'un seul segment : tête, thorax et abdomen sont fusionnés. Ils n'ont pas de crochets venimeux (chélicères) et ne produisent pas de soie comme les araignées. Ils peuvent se nourrir de petits insectes morts, parfois vivants, de matières organiques, etc. Ils sont inoffensifs pour nous.

ARACHNIDES
Ordre_Araneae

Les argiopes (*Argiope aurantia*, ci-contre) sont très communes au jardin. On les appelle d'ailleurs en anglais « garden spiders » (araignées de jardin). Avec leur taille pouvant atteindre près de 3 cm, leurs couleurs vives et leur grande toile, elles ne passent pas inaperçues. Comme toutes les autres araignées, celles-ci sont très utiles. Elles assurent un contrôle naturel de certains insectes nuisibles de jardin.

Les araignées ne construisent pas toutes des toiles. Certaines chassent activement les insectes, comme cette araignée ci-contre.

ARACHNIDES

Ordre_Araneae

Les petites araignées sauteuses (famille des Salticidae) ne construisent pas de toile. Elles chassent activement les insectes en bondissant sur eux. Elles peuvent attraper des proies beaucoup plus grosses qu'elles. Contrairement à la majorité des araignées (qui ont une vue médiocre), elles ont une très bonne vision (on peut le constater simplement à la façon qu'elles ont de nous regarder !). Pour apprivoiser votre peur des araignées, celles-ci sont parfaites. Observez-les de près, et si vous en avez envie, pourquoi ne pas les prendre dans vos mains ? Elles sont totalement inoffensives.

Les araignées peuvent parfois attraper des insectes bénéfiques comme des abeilles ou des syrphes. Mais de façon générale, ces prédatrices sont d'une grande importance car elles contribuent à l'équilibre des populations d'insectes de jardin. Cette belle araignée crabe (famille des Thomisidae) avait élu domicile sur cette fleur jaune, étant ainsi merveilleusement bien camouflée. Elle avait probablement choisi avec soin la couleur de son domicile !

Bibliographie

Borror, D. J., C. A. Triplehorn et N. F. Johnson. *An introduction to the study of insects.* Sixth edition. Harcourt Brace College Publishers. Philadelphia. 1989. 875 p.

Brisson, J. D., M. Fréchette, B. Drouin et L. Breton. *Les insectes prédateurs : des alliés dans nos jardins.* Éditions Versicolores inc. Québec. 1992. 44 p.

Carr, A. *Rodale's color handbook of garden insects.* Rodale Press. Emmaus. 1979. 241 p.

Chagnon, G. et A. Robert. *Principaux coléoptères de la province de Québec, 2e édition.* Presses de l'Université de Montréal. Montréal. 1962. 440 p.

Collectif d'auteurs. *Guide de protection du jardin domestique.* Gouvernement du Québec. Ministère de l'Agriculture, des Pêcheries et de l'Alimentation. Service de recherche en défense des cultures. Québec. 1982. 64 p.

Covell, Jr., C. V. *A field guide to the moths of Eastern North America.* The Peterson Field Guide Series. Houghton Mifflin Company. Boston. 1984. 496 p.

Cranshaw, W. *Garden insects of North America: the ultimate guide to backyard bugs.* Princeton University Press. Princeton. 2004. 656 p.

Davidson, R. H. et W. F. Lyon. *Insect pests of farm, garden, and orchard.* Eight edition. John Wiley & Sons. New York. 1987. 640 p.

Dubuc, Y. *Les insectes du Québec. Guide d'identification.* Broquet inc. Saint-Constant. 2005. 431 p.

Fushtey, S. G. et M. K. Sears. *Maladies et insectes nuisibles des gazons.* Ministère de l'Agriculture et de l'Alimentation. Publication 162 F. Toronto. 1989. 33 p.

Grissel, E. *Insects and Gardens. In pursuit of a garden ecology.* Timber Press. Portland. 2001. 345 p.

Handfield, L. *Le guide des papillons du Québec. Version Scientifique.* Volume 1. Broquet inc. Boucherville. 1999. 982 p.

Laplante, J.-P. *Papillons et chenilles du Québec et de l'est du Canada.* Éditions France-Amérique. Montréal. 1985. 280 p.

Layberry, R. A., P. W. Hall et J. D. Lafontaine. *The butterflies of Canada.* University of Toronto Press. Toronto. 1998. 280 p.

Maw, H. E. L., R. G. Foottit, K. G. A. Hamilton et G. G. E. Scudder. *Checklist of the Hemiptera of Canada and Alaska.* NRC Research Press. Ottawa. 2000. 220 p.

McAlpine, J. F. et al. (éds.). *Manual of Nearctic Diptera.* Volume 1. Monograph 27. Research Branch, Agriculture Canada. Ottawa. 1981. 674 p.

McAlpine, J. F. et al. (éds.). *Manual of Nearctic Diptera.* Volume 2. Monograph 28. Research Branch, Agriculture Canada. Ottawa. 1987. P. 675-1332

Ministère de l'Agriculture et de l'Alimentation. *Lutte contre les insectes et les maladies du jardin.* Publication 64F. Ministère de l'Agriculture et de l'Alimentation. Ontario. 1990. 110 p.

Pleasant, B. *The gardener's bug book. Earth-Safe Insect Control.* Storey Books. Pownal. 1994. 148 p.

Richard, C. et G. Boivin (éds.). *Maladies et ravageurs des cultures légumières au Canada.* Société canadienne de phytopathologie et Société d'entomologie du Canada. Ottawa. 1994. 590 p.

Schaefer, C. W. et A. R. Panizzi (éds.). *Heteroptera of economic importance.* CRC Press. Boca Raton. 2000. 828 p.

Smeesters, E., A. Daniel et A. Djotni. *Solutions écologiques en horticulture pour le contrôle des ravageurs, des mauvaises herbes et des maladies.* Broquet inc. Saint-Constant. 2005. 198 p.

Vickery, V. et D. K. McE. Kevan. The insects and arachnids of Canada. Part 14. *The grasshoppers, crickets, and related insects of Canada and adjacent regions.* Research Branch Agriculture Canada. Publication 1777. 1985. 918 p.

White, R. E. *A field guide to the beetles of North America.* The Peterson Field Guide Series. Houghton Mifflin Company. Boston. 1983. 368 p.

Index des noms français et scientifiques

A
Abeille cotonnière 187
Abeilles 14, 20, 22, 132, 137,139, 141, 173-177, 185,186
Abeilles découpeuses 185-187
Abeilles domestiques 26, 27, 174, 175
Abeilles solitaires 175-177, 185
Acrididae 6, 27, 43-45
Acrosternum hilare 66
Actias luna 166
Agromyzidae 7, 126, 127
Agromyzides 126, 127
Altises 102, 103
Amiral 160
Amiraux 159
Anasa tristis 58, 59
Andrenidae 175
Aneth 31
Anneleur du framboisier 99, 101
Anthidium manicatum 187
Anthomyies 128
Anthomyiidae 7, 128, 129
Aphididae 6, 76-78
Apiacées 31, 162, 163
Apidae 26, 174
Apis mellifera 27, 174
Apocrita 172
Apoidea 7, 174-177, 185
Arachnides 7, 25, 199-201
Araignée crabe 201
Araignées 25, 70, 91, 93,112, 188-190, 198-201
Araneae 7, 199-201
Arbres fruitiers 64, 142, 149, 168
Arctiidae 7, 146, 147
Arctiides 146, 147
Arge ochropa 192
Argidae 191, 192
Argiope aurantia 200
Argiopes 200
Argynnis 159
Arthropodes 12, 25, 26, 136, 188

Asclépiade 106, 107, 118, 160, 161
Asilidae 7, 130, 131
Asilides 130, 131
Asperge 108, 109, 126
Astéracée 31
Asticot 20
Aubergines 169, 170

B
Bacillus thuringiensis 32, 134
Barbeau 122
Barbeaux 97
Belle dame 160
Belostomatidae 6, 56
Betteraves 60, 154
Bleus 151, 152
Blissidae 6, 57
Blissus leucopterus hirtus 57
Bombyles 27, 132, 133
Bombyliidae 7, 27, 132, 133
Bourdons 67, 124, 130-132, 137, 139, 173, 174, 176
Brachiacantha ursina 116
Braconidae 182, 183
Braconides 77, 182, 183
Brocoli 106, 128, 154, 165
Brûlots 124, 125
Bti. Voir *Bacillus thuringiensis*

C
Calliphorides 24
Camomille 31
Camponotus pennsylvanicus 180
Cantharidae 6, 96
Cantharides 96
Carabes 16, 45, 95, 97, 98, 158
Carabidae 6, 97, 98, 112
Carottes 31, 60, 117, 162
Cassides 104, 105
Céleri 53, 60, 126, 162, 163
Centipèdes 25
Cerambycidae 6, 99, 100, 101
Cercopes 19, 75, 79-81, 189
Cercopidae 6, 79, 80
Cerises 142

Cerisiers 64, 149, 162, 166
Chalybion californicum 189
Chamaemyiidae 125
Charançons 14, 94, 117, 118
Chauliode 91
Chauliognathus pennsylvanicus 96
Chenille à tente estivale 146
Chenille d'Isia isabelle 146
Chenilles 19-22, 24, 29, 30, 32, 127, 141, 144-146, 148-156, 158-166, 168-170, 172, 173, 182, 183, 188, 189, 191, 192, 196,197
Chèvrefeuille 194
Chou 32, 53, 128, 129, 145, 153, 154, 164, 165
Chou-fleur 128
Chrysanthème 31, 32, 126
Chrysomèles 106-108, 110, 111
Chrysomelidae 6, 102-111
Chrysopa 91
Chrysopes 31, 77, 91, 92, 138
Chrysopidae 91
Cicadelles 75, 81
Cicadellidae 6, 81
Cicadidae 6, 82, 83
Cicindela sexguttata 113
Cicindèle 16, 27, 112, 113, 160
Cicindelidae 7, 27, 112, 113
Cigales 14, 19, 75, 82, 83, 189
Cimbicidae 173, 191
Cimbicides 194
Cisseps à col orangé 147
Cisseps fulvicollis 147
Citrouilles 58, 59, 110, 111
Cleonis pigra 118
Coccidae 84
Coccinelle asiatique 27, 114, 115
Coccinelle mexicaine des haricots 115
Coccinelles 14, 17, 15, 20, 21, 23, 24, 27, 31, 77, 78, 91, 92, 95, 104, 114-116, 138
Coccinellidae 7, 27, 114-116
Coccoidea 6, 84, 85
Cochenilles 22, 29, 33, 75, 84, 85, 115

204

Cocon 20, 89, 148, 149, 179
Coleoptera 6, 95-123
Coléoptères 15, 20, 25, 29, 94-96, 108, 114, 117, 120, 121, 127, 132
Coliades 164, 165
Concombres 58, 110, 111, 126, 129
Coréidé 58
Coriandre 31
Corydale cornue 91, 93
Corydales 91
Corydalidae 91
Corydalus cornutus 91, 93
Courges 58, 59, 110, 111
Criocère à douze points 108, 109
Criocère de l'asperge 108, 109
Criocère du lis 95, 108-110
Crioceris asparagi 108, 109
Crioceris duodecimpunctata 108, 109
Criquets 16, 19, 22, 27, 43-46, 48, 132
Crucifères 102, 128, 164, 165
Cucurbitacées 58, 59, 110, 111
Culicidae 7, 134, 135
Curculio 117
Curculionidae 7, 117, 118

D
Dahlia 126
Danaus plexippus 159
Delia antiqua 128
Delia platura 128
Delia radicum 128
Demoiselles 38-41
Dermaptera 6, 53
Diabrotica barberi 110
Diaspididae 84
Diprionidae 191
Diptera 7, 125-143
Dolichopodes 136
Dolichopodidae 7, 136
Dolichovespula 196, 197
Dolichovespula maculata 196
Doryphore 22, 95, 106, 107
Drosophiles 125, 126

E
Endelomyia aethiops 193
Éphémère 18, 19, 36, 37
Ephemeroptera 6, 37
Épinard 126
Épinettes 59

F
Faucheux 199
Fausse-arpenteuse du chou 153, 154
Feniseca tarquinius 151
Forficula auricularia 53
Forficules 53
Formicidae 178
Fourmis 14, 15, 26, 30, 75, 77, 78, 82, 86, 112, 113, 137, 172, 173, 178-181
Fourmis charpentières 178
Fraises 46, 60, 121
Fraisier 117
Framboises 55, 65, 121
Framboisiers 100, 101
Fritillaires 108, 159
Fulgores 81

G
Galéruque de l'airelle 111
Galéruque de l'orme 111
Galle 142
Gloire du matin 104
Grand sphex doré 188
Graphocephala 81
Grillons 43, 46, 47
Gryllidae 6, 27, 43, 46, 47
Gryllus pennsylvanicus 46
Guêpe 93, 172-174, 183, 188, 191, 194-197
Guêpes 14, 20, 26, 137, 139, 141, 168, 173, 183, 188-190, 195-197
Guêpes à papier 195, 197
Guêpes fouisseuses 188, 189
Guêpes parasites 127, 170, 182
Guêpes sociales 173, 188, 195
Guêpes solitaires 173, 188

H
Halictidae 175
Hanneton commun 122, 123

Hanneton européen 122, 123
Haricots 60, 110, 115, 126, 129
Harmonia axyridis 27, 115
Hemaris thysbe 169, 171
Hémélytres 15, 54, 58, 60
Hemiptera 55
Hémiptères 55, 75
Hespéries 148
Hesperiidae 7, 148
Heteroptera 6, 54-73
Hétéroptères 15, 55, 60, 63, 64, 74, 75
Homoptera 6, 75-87
Homoptères 54, 55, 74, 75, 86, 141
Hyalophora cecropia 166, 167
Hymenoptera 7, 26, 173-197
Hyménoptères 26, 127, 137, 172-174, 178, 191
Hyphantria cunea 146
Hypoprepia miniata 147

I
Ichneumonidae 182
Ichneumonides 182, 184
Ipomées 104, 105
Iris 119, 155

K
Kermesidae 84

L
Laitue 53, 60
Lampyridae 7, 120
Lasiocampidae 7, 149, 150
Lasius 179
Lepidoptera 7, 145-171
Leptinotarsa decemlineata 106
Leptoglossus occidentalis 27, 58, 59
Léthocères 55, 56
Libellules 13, 19, 38-41
Lilioceris lilii 108
Limaces 30, 70, 97, 120, 151-193
Limenitis arthemis 160
Liriomyza sativae 126

INDEX DES NOMS FRANÇAIS ET SCIENTIFIQUES

Lis 108
Lithophane antennata 153, 154
Lithosie écarlate 147
Livrée d'Amérique 145, 146, 149, 150
Livrée des forêts 145
Longicorne asiatique 99
Longicornes 94, 99, 100
Lucioles 120
Lycaenidae 7, 151, 152
Lycénidés 151, 152
Lygus lineolaris 60, 61

M

Macronoctua onusta 153, 155
Maïs 57, 110, 111, 121, 129, 145
Malacosoma americanum 149, 150
Manduca quinquemaculata 169, 171
Manduca sexta 169
Mannes 37
Mante religieuse 50, 51, 93
Mantes 14, 16, 19, 45, 50, 51, 91, 93
Mantes religieuses 14, 45, 91
Mantis religiosa 51
Mantispidae 91
Mantispides 91, 93
Mantodea 6, 51
Maringouins.
   Voir Moustiques
Mégachiles 185-187
Megachilidae 7, 175, 185-187
Melons 58, 110, 111
Membracidae 6, 86, 87
Membracides 75, 81, 86, 87
Mille-pattes 25
Miridae 6, 60, 61
Moissonneur 151, 158
Monarque 159-161
Morio 159-161
Mouche de l'oignon 128, 129
Mouche des semis 128, 129
Mouche du chou 128, 129

Mouche du tournesol 142
Mouches 125
Mouches à chevreuil.
   Voir taons
Mouches à feu 120
Mouches à fruits 125
Mouches à scie.
   Voir porte-scie
Mouches bleues de la viande 141
Mouches des fleurs 137
Mouches des fruits 142
Mouches domestiques 14, 125, 128, 140, 141
Mouches du chou 128
Mouches mineuses 126, 127
Mouches noires 32, 125
Mouches vertes 24
Moustiques 14, 23, 24, 32, 39, 40, 125, 134-136, 143
Mûriers 100, 101

N

Nabicula 63
Nabidae 6, 62, 63
Navet 103, 154
Neodiprion 191
Neuroptera 6, 91-93
Nitidules 121
Nitidulidae 7, 121
Noctuelle des fruits verts 153, 154
Noctuelles 7, 153, 154, 158
Noctuidae 7, 153-158
Nymphalidae 7, 159-161
Nymphalides 159, 160
Nymphalis antiopa 159
Nymphalis milberti 159
Nymphe 19, 20, 110, 179
Nymphes 20, 29, 132, 175, 179

O

Oberea affinis 99
Odonata 6, 39-41
Oécanthes 46
Oecanthus 47
Oignon 89, 128, 129
Ombellifères 162
Opiliones 199

Opilions 199
Orthoptera 6, 43-49
Orthoptères 42-44

P

Papilio canadensis 162
Papilio polyxenes 163
Papilionidae 7, 162, 163
papillon du céleri 21, 162, 163
Papillon lune 166, 167
Papillon tigré du Canada 162
Papillons 145
Patate douce 104, 105
Patates 169
Pêcher 168
Pelidnota punctata 123
Pentatomidae 6, 55, 64-66
Pentatomidés 64-66
Perce-oreilles 19, 30, 52, 53, 77
Perceur de l'iris 7, 119, 145, 153, 155-157
Perceur du pêcher 168
Persil 31, 162, 163
Pétunia 126
Phyllophaga anxia 123
Phymatidae 6, 67-69
Picromerus bidens 66
Pieridae 7, 164, 165
Piéride du chou 32, 145, 164, 165
Piérides 164, 165
Pieris rapae 164, 165
Pins 59
Pissenlit 31
Poireau 126, 128
Poires 142
Pois 110
Poivrons 169, 170
Polistes 197
Polydrusus impressifrons 118
Polygones 159
Pomme de terre 30, 102, 106, 107, 154
Pommes 60, 142
Pommiers 64, 149, 166
Pompiles 188, 190
Pompilidae 7, 188, 189, 190
Popillia japonica 123

Porte-queues 151, 152, 162
Porte-scie 172, 173, 191-193
Pristiphora aquilegiae 194
Propylea quatuordecimpunctata 116
Prunes 142
Prunier 168
Pseudococcidae 84
Pucerons 14, 22-24, 29-33, 53, 63, 71, 75-78, 91, 92, 114-116, 125, 138, 139, 151, 181-183, 189
Punaise 55, 57-61, 69, 70, 72
Punaise des lits 55
Punaise terne 60, 61
Punaises aquatiques 55, 56
Punaises assassines 70, 71
Punaises d'eau géantes 56
Punaises demoiselles 62, 63
Punaises des courges 58
Punaises des plantes 55, 60, 61
Punaises embusquées 67, 68
Punaises puantes 64
Punaises réticulées 55, 72, 73
Punaises velues 57
Pupe 20, 129, 179
Pyrale du maïs 145
Pyrrhalta vaccinii 111
Pyrrhalta viburnum 110, 111
Pyrrharctia isabella 146

R
Radis 128, 129, 164, 165
Réduves 55, 62, 70, 71
Reduviidae 6, 67, 70, 71
Reduvius personatus 71
Rhagoletis pomonella 142
Rhagonycha 96
Rhizotrogus majalis 123
Rhysses 184
Rhyssomatus lineaticollis 118
Rosacées 149
Rosiers 100-192

S
Salticidae 201
Sapins 59, 159
Saturnie cecropia 166, 167

Saturnies 166
Saturniidae 7, 166, 167
Satyres 159
Sauterelles 14, 19, 43, 44, 46, 48, 49, 141, 173, 188, 189
Scarabaeidae 7, 122, 123
Scarabée japonais 122, 123
Scarabée ponctué de la vigne 123
Scarabées 15, 20, 95, 97, 98, 122, 123
Sceliphron caementarium 189
Sésies 168
Sesiidae 7, 168
Siricidae 184, 191, 194
Siricidés 191
Solanacées 106
Soya 129
Sphecidae 7, 188-190
Sphex ichneumoneus 188
Sphingidae 7, 169-171
Sphinx 32, 145, 169-171, 183
Sphinx colibri 169, 171
Sphinx de la tomate 32, 145, 169-171
Sphinx du tabac 169, 170
Spongieuse 145
Stictocephala bisonia 87
Strauzia longipennis 142
Symphyte 172, 191
Synanthedon exitiosa 168
Syrphes 69, 77, 137, 138, 139
Syrphidae 7, 125, 137-139

T
Tabac 169, 170
Tachinidae 7, 140, 141
Tachinides 140, 141
Taons 125, 133, 174
Taupins 119
Tenthrède de l'ancolie 191, 194
Tenthrède de l'orme 191
Tenthrède-limace du rosier 191, 193

Tenthredinidae 7, 173, 191-194
Tephritidae 7, 142
Téphritides 142
Tettigoniidae 6, 43, 48, 49
Thomisidae 201
Thrips 32, 88, 89
Thyreodon atricolor 183
Thysanoptera 6, 89
Thysanoptères 88
Tingidae 6, 72, 73
Tipula paludosa 143
Tipule des prairies 143
Tipules 124, 143
Tipulidae 7, 143
Tomate 32, 106, 107, 126, 145, 169, 170, 171
Tomates 10, 46, 60, 121, 169, 170
Tordeuse des bourgeons de l'épinette 145
Tournesol 9, 31, 73, 142
Tremex 191, 194
Tremex columba 194
Trichoplusia ni 153, 154
Trichoptera 37

V
Vanessa cardui 160
Vanesses 159
Ver blanc 20, 122
Ver fil-de-fer 20, 119
Ver gris 20, 145, 158
Verge d'or 67, 68
Vers blancs 32, 95, 122, 123, 140, 141
Vers fil-de-fer 30, 119
Vers gris 7, 30, 97, 153, 158
Vespidae 7, 188, 195-197
Vespula 197
Viburnum 110, 111
Viorne 110, 111

X
Xanthogaleruca luteola 111

Z
Zaeraea fasciata 194

207

Index des noms anglais

A
Ambush bugs 67
Anthomyiids 128
Ants 173, 178
Aphids 75, 76
Asparagus beetles 108
Assassin bugs 70

B
Bee flies 27, 132
Beer beetles 121
Bees 173, 174
Beetles 95
Blues 151
Braconids 182
Brush-footed butterflies 159
Bumble bees 174
Butterflies 145

C
Cicadas 75, 82
Clearwing moths 168
Click beetles 119
Coppers 151
Crane flies 143
Crickets 43, 46, 47
Cucumber beetles 110
Cutworms 158

D
Damsel bugs 62
Damselflies 39
Digger wasps 188
Dobsonfly 91
Dragonflies 39

E
Earwigs 53

F
Fireflies 120
Flea beetles 102
Flies 125, 132
Flower flies 137
Froghoppers 75, 79
Fruit flies 142

G
Garden spiders 200
Giant silkworm moths 166
Giant water bugs 56

Grasshoppers 43
Ground beetles 97

H
Hairstreaks 151
Hairy chinch bugs 57
Hornets 195
Horntails 191
Hover flies 137

I
Ichneumonids 182
Iris borers 155

K
Katydids 43, 48

L
Lace bugs 72, 73
Lacewing 91
Lady beetles 114
Ladybird beetles 114
Ladybugs 27, 114
Leaf beetles 110
Leaf bugs 60
Leaf-footed bugs 58
Leaf-miner flies 126
Leafcutter bees 185
Leafhoppers 75, 81
Lightningbugs 120
Lily leaf beetles 108
Long-horned beetles 99
Long-horned grasshoppers 48
Longlegged flies 136

M
Mantidfly 91
Mantids 51
Mayflies 37
Mealybugs 75
Milkweed leaf beetles 106
Mosquitoes 134
Moths 145

N
Noctuid moths 153

P
Paper wasps 195
Parasitic wasps 182
Peacock flies 142

Picnic beetles 121
Potato leaf beetles 106

R
Robber flies 130
Root maggots 128

S
Sap beetles 121
Sawflies 173, 191
Scale insects 84
Scales 75
Scarab beetles 122
Short-horned
 grasshoppers 44
Skippers 148
Soldier beetles 96
Sphinx moths 169
Spider wasps 188
Spiders 199, 200
Spittlebugs 79
Stink bugs 64
Sulfurs 164
Swallowtails 162

T
Tachinids 140
Tent caterpillars 149
Thrips 32, 88, 89
Tiger beetles 27, 112
Tiger moths 146
Tortoise beetles 104
Treehoppers 75, 86
True bugs 55

V
Viburnum leaf beetles 110

W
Wasp moths 146
Wasps 173
Weevils 117
Western conifer-seed bug
 27, 59
White grubs 122
Whites 164
Wireworms 119
Woolly aphids 151

Y
Yellow jackets 195